ANNE KRÜGER-DEGENER

Wenn Hunde uns vertrauen

Missverständnisse vermeiden mit der HarmoniLogie®

Der Weg zum klaren Dialog

MIT KOSMOS MEHR ENTDECKEN
Der Zauber von Verstehen & Verständnis
SEIT 1822

KOSMOS

Inhalt

DAS KOSTENLOSE EXTRA: DIE KOSMOS-PLUS-APP FÜR DIGITALE ZUSATZINHALTE

Dieses Buch bietet Ihnen weitere Inhalte in Form von 21 Filmen, die im Buch durch dieses 123 gekennzeichnet sind.

Und so geht's

1. Besuchen Sie den App Store oder Google Play.
2. Laden Sie die kostenlose App „KOSMOS-PLUS" auf Ihr Mobilgerät.
3. Wählen Sie in der App Ihr Buch aus.
4. Schalten Sie die Inhalte mit folgendem Code frei: „HarmoniLogie"
5. Danach laden Sie sich die Inhalte für das Buch „Wenn Hunde uns vertrauen" herunter.
6. Auf den Seiten mit dem Symbol 123 können Sie einen Film zum Thema ansehen. Dazu geben Sie den dort genannten Zahlen-Code in die App ein oder suchen in der Medienliste den entsprechenden Inhalt.

Mehr Informationen finden Sie unter plus.kosmos.de

ZUM GELEIT

Liebe Anne,

wie machst Du das nur? Kind, Mann, Hof, Unterricht, Lämmergeburten, Webinare, Hunde, Pferde, Enten, Turniere, Shows usw. Und schon wieder hast Du ein Buch geschrieben! Da Du niemals stillstehst und nicht nur Dich selbst, sondern auch Deine Methode, die HarmoniLogie, immer weiter entwickelst, ist es nicht verwunderlich, dass all Deine neuen Erkenntnisse in einem neuen Werk veröffentlicht werden wollen.

Die Welt hat sich durch die vergangenen Monate sehr verändert, und das Leben hat uns einmal mehr aufgefordert, uns zu bewegen. Jeder von uns hat noch einmal auf eine ganz andere Art und Weise seine eigenen Grenzen zu spüren bekommen. In diesen Zeiten ist eine, wie ich finde, sehr lebenswichtige Tugend wieder einmal besonders zum Tragen gekommen: Mut. Was bedeutet es aber, mutig zu sein? Mutig zu sein heißt, den Weg in das Unbekannte zu wagen. Und das warst Du in meinen Augen. Du hast begonnen, Dein Wissen in digitaler Form weiterzugeben. Und auch dieses neue Buch ist mit den Filmen über die KOSMOS Plus App ein Schritt in eine neue Richtung, die das Lernen extrem vereinfacht.

Seit fast 13 Jahren bilde ich jetzt meine Hunde mit Dir zusammen nach Deiner Methode aus. Inzwischen führe ich vier Labradore und einen Dackel. Als wir begannen, hätte ich mir niemals vorstellen können, jemals mehr als zwei Hunde auf einmal zu besitzen. Waren mir bis dahin zwei schon fast zu viel, könnte ich mir heute leicht noch einen sechsten und siebten Hund vorstellen. Warum dieser Sinneswandel? Weil mein Zusammenleben mit den Hunden dank der guten Kommunikation so einfach geworden ist, dass ich ohne Probleme überall mit meinen Hunden hingehen kann, ohne jemals die Kontrolle zu verlieren. Die Hunde orientieren sich an mir, und wir arbeiten im Team miteinander. Kein lautes Wort, alles ist stets freundlich und ruhig. So ist es reinster Genuss, mit so vielen Hunden gleichzeitig unterwegs zu sein, denn die Hunde achten auf mich und nicht ich auf sie. Diese Art des Miteinanders lernt man bei Dir und Deiner Methode, der HarmoniLogie. Und ich kann sagen, es ist jeden Tag aufs Neue ein Geschenk für mich, dass ich das erlernen durfte. Und jedes Mal, wenn wir zusammenarbeiten, gibt es wieder ein kleines Detail, was Du mit deinem scharfen Auge entdeckst und mir mit auf den Weg gibst, um noch feiner im Dialog mit meinen vierbeinigen Freunden zu werden. Dafür haben sich jede einzelne der 290 Autofahrten gelohnt.

Ich möchte mich an dieser Stelle von Herzen bei Dir bedanken, für Dein Wissen das Du immer mit uns teilst, Deine Geduld, wenn es mal etwas länger dauert, und Deine Rastlosigkeit, die Dinge immer wieder zu hinterfragen und damit weiter zu entwickeln. Es macht einfach riesig Spaß mit Dir, Hunde zu echten Partnern fürs Leben zu machen. Danke!

Herzlich
Deine Alexandra

Alexandra Jahr mit ihren vier Labrador Retrievern Purdey, Joy, Sunny und Ginger.

FREIHEIT DURCH VERTRAUEN

— *Mensch und Hund im Team*

VERTRAUEN DURCH VERSTEHEN

Ein Freund ist jemand, der alles von dir weiß, und der dich trotzdem liebt.
(Elbert Hubbard)

Treffender kann man es auch für einen Hund, der einem ein Gefährte ist, nicht formulieren. Vertrauen ist wie eine Pflanze. Es ist beweglich, lebendig, verletzlich. Man kann es ebenso zum Wachsen bringen, wie man es vernichten kann. Es hat eine eigene Dynamik, fast eine Seele. Vertrauen ist das größte Gut einer Beziehung, egal, wie viele Beine und Herzen diese Beziehung hat. Die Glaubwürdigkeit ist der Nährboden für das Vertrauen. Diese erarbeiten wir uns durch die Fähigkeit, Beschlüsse zu fassen, durch konsequentes, freundliches Handeln, besonders aber durch die Eindeutigkeit unserer Sprache und unserer Kommunikationswege.

Bindungstraining ist elementar in der HarmoniLogie®.

VERTRAUEN AUFBAUEN

Widmen wir uns den beiden Systemen in unserem Körper, dem Bindungssystem und dem Bedrohungssystem. Rein neurobiologisch ist ausschließlich das Bindungssystem in der Lage, das Bedrohungssystem zu beruhigen. Diese Tatsache allein sollte uns Ansporn sein, einen großen Teil der Erziehung und Schulung unseres Hundes dem Bindungssystem zu widmen. Nein, wir sollten nicht das Bedrohungssystem zum Schweigen bringen oder jede Form von Bedrohung vermeiden, damit es unserem Schützling gut geht. Wir müssen unseren Hund stabil, belastbar, kritikfähig und ausdauernd machen, damit er gesund durchs Leben gehen kann.

Je stärker die Bindung und das Vertrauen sind, umso intensiver ist die Beziehung.

WAS ERZEUGT BINDUNG?

Komfortzonentraining, soziale Fellpflege, Kuscheln, also geistiger und körperlicher Kontakt und Spielrituale, Verbindlichkeit, Glaubwürdigkeit, glaubhafte Energie und ganz besonders eine eindeutige Sprache. Ein Informationsfluss, der keine Zweifel, kein Missverstehen, keine Doppeldeutigkeiten aufkommen lässt. Gemeinsame Freude macht gemeinsames Glück, gemeinsame Erfolge formen gemeinsamen Stolz. Sich auf den anderen verlassen können und sicher sein, dass dieses Vertrauen nicht verletzt wird, das ist der Wunsch, der auf beiden Seiten, ob Fell, ob Haut, eine treibende Kraft ist und Bindung erzeugt.
Was zerstört das Vertrauen und erzeugt Misstrauen, was erstickt das Bindungssystem und bläht das Bedrohungssystem auf? Das Verstehen, der reibungslose Dialog machen die Beziehungen groß, und das Missverstehen ist es, was sich wie eine Löschdecke auf das Glück legen kann.
In der Beziehung zu unseren geliebten Hunden braucht es nicht viel, um Vertrauen aufzubauen und um es gut und sorgsam zu pflegen. Es braucht Liebe, Spur und Glaubwürdigkeit. Nur ein großes Herz reicht leider nicht. Es braucht eben auch den Respekt zu und vor der anderen Kreatur.
Interessant bei diesem Thema ist die Rückkopplung, wenn wir Vertrauen für Vertrauen schenken und umgekehrt. Das erreichen wir durch Zuhören, Lesen und Verstehen. Es ermöglicht uns den Weg in die wunderbare Welt der echten Freundschaft. Also machen wir uns auf den Weg.

Der Mensch ist die zweibeinige Komfortzone des Hundes, wo er Schutz, Sicherheit und Zuflucht findet.

DEM HUND EIN ZUHAUSE SEIN

Im Leben eines Hundes gibt es viele wunderbare Momente. Wenn es leicht und blumig ist, das Leben, dann ist einem vieles recht, so auch Ihrem Hund. Aber es gibt auch die anderen. Die Momente, in denen Ihr Hund so richtig aus seiner Komfortzone gerät – warum auch immer. Vielleicht durch einen Kontakt mit dem Elektrozaun einer Rinder- oder Schafweide, durch Silvesterböller, einen Autounfall oder durch den Angriff eines anderen Hundes. Momente eben, auf die man sich und seinen Hund schlecht vorbereiten kann. Was passiert da? Wie verhält sich Ihr Hund? Läuft er weg, versucht, sich irgendwo zu retten, friert er an Ort und Stelle ein oder sucht er Sie, kommt zu Ihnen und läuft unmittelbar in Ihre Hände? Spätestens hier erkennen wir, ob wir das Zuhause unseres Hundes sind oder nicht. Hier können wir sehr deutlich verstehen, ob unser Hund uns vertraut oder ob er in der Not einsam ist.

SIE SIND DAS ZUHAUSE

Es soll nicht beim Wunschdenken bleiben, es soll Realität werden. Die HarmoniLogie® versteht den Menschen als das Zuhause des Hundes und kennt den Weg dorthin. Sie schult die Teams so, dass der Mensch dem Hund Sicherheit, Zuflucht und Schutz bietet. Der Mensch gibt seinem Hund Vertrauen und kann ihn fördern und regulieren. Der Mensch wird zum Partner, zum Gefährten des Hundes, weil er ihn versteht, ihm zuhört, seine Sprache spricht und ihn unterstützt und reguliert. Das Gefühl, zu Hause zu sein, beschreibe ich gerne mit dem Geschmack eines warmen Kakaos und dem Duft von leckerem Kuchen. Zu Hause ist der Ort, wo man sein kann, wie man ist, und trotzdem geliebt wird. Zu Hause ist Schutz, Komfortzone und Wärme. So sollte es zumindest sein. Wer den Luxus eines Zuhauses hat, der weiß, dass es einen unbezahlbaren Wert darstellt. Ein Futterspender, eine Ballwurfmaschine jedoch sind dem Hund kein Zuhause. Sie sind Anregung, Erregung und Stress. Kommt der Hund aus seiner Komfortzone, dann wird er nicht zu einem Futterspender oder einer Ballwurfmaschine laufen. Er wird den Ort oder das Wesen suchen, welches ihm Sicherheit bietet. **Wenn Sie wollen, dass Ihr Hund Ihnen vertraut, dann seien Sie sein Zuhause.**

SPRACHE BEDEUTET HEIMAT

Hunde, die ihren Menschen als Zuhause wahrnehmen, sind stressbelastbar, auch wenn es draußen böllert. Ein starkes Bindungssystem kann das Bedrohungssystem leicht beruhigen. Um das Bindungssystem zu aktivieren und zu stärken, braucht es eine belastbare Beziehung. Die Beziehung wiederum gedeiht mit jeder Begegnung und die Begegnung gestalten wir durch die Anwendung gemeinsamer Kommunikationswege. Das Gefühl, gehört und verstanden zu werden, sich auf Signale geeinigt zu haben, sich ungestört, vielleicht auch ungebremst mitteilen zu können, ist gewiss ein Teil der Heimat. Die Feinheit von Sprache, ob als Muttersprache oder Dialekt, kann in einem Menschen unmittelbar heimatliche Gefühle auslösen. Würden wir in einem Bus in der Mongolei sitzen und hörten einen anderen Passagier in der gleichen Sprache, vielleicht sogar mit dem gleichen Dialekt wie dem eigenen sprechen, entstünde sofort ein Gefühl von Zusammengehörigkeit mit der Möglichkeit für Vertrauen. Gemeinsame Sprache schafft ein Zugehörigkeitsgefühl und dadurch auch ein Stück Heimat. Sie ist das wichtigste Bindeglied zwischen Individuen, auch über Speziesgrenzen hinweg.

Sprache ist dabei das Werkzeug, mit dem wir die Begegnung gestalten, das darüber entscheidet, ob das Bedrohungssystem oder das Bindungssystem aktiviert wird. Die Besonderheit der Beziehung dieser beiden Systeme besteht darin, dass sie sich niemals gleichzeitig, sondern ausschließlich in gegenläufiger Weise aktivieren lassen.

Wie Sie das Zuhause Ihres Hundes werden können, was Sie brauchen, um die Heimat darzustellen, das erfahren Sie auf dem Weg der HarmoniLogie. Es ist kein weiter, kein komplizierter Weg. Es ist ein sicherer Weg, dessen Route Sie eigentlich schon in sich tragen. Starten wir den Weg zum Vertrauen, machen wir uns auf die Reise nach Hause.

Gegenseitige Gesprächsbereitschaft, gehört und verstanden zu werden, sind die Grundlagen für den Dialog.

Bindungsrituale und Verständnis stärken die Beziehung zwischen Mensch und Hund.

MIT DER HARMONILOGIE ZUM WERTFREIEN DIALOG

Wenn nun die Sprache die Verwendung der gleichen Kommunikationswege Heimat bedeutet, dann hilft Ihnen die HarmoniLogie® zum wertfreien Dialog und dazu, dem Hund den Weg nach Hause zu zeigen.

HarmoniLogie. Teilen Sie das Wort in zwei, dann geht es leichter über die Zunge. Wollen wir nicht alle Harmonie? Wollen wir nicht Spaß und Freude mit unseren Tieren, verbindliche Entspannung, Zugewandtheit und Losgelassenheit? Wir wollen unsere eigene und die Seele unseres Hundes baumeln lassen. Am liebsten zusammen.

Logie ist die Bedeutung einer Lehre, eines logischen und intellektuellen Aufbaus. HarmoniLogie bedeutet nichts anderes als ein logischer Weg in die Harmonie, in die Freude mit dem Partner Tier. Und das ohne Bestechung oder Überwindung, also ohne Keks und ohne Kraft. Ein Weg, der den Dialog mit dem vierbeinigen Gefährten in den Vordergrund stellt und den Menschen befähigt, das Tier zu überzeugen.

EIN DIALOG VON ANFANG AN

Der Ursprung der HarmoniLogie war in der Tat die Arbeit mit den Hütehunden. Durch das Leben mit den Herden und die Arbeit mit den Hütehunden habe ich einen Zugang zu den Tieren bekommen, der fernab von Kunststücken, Sport oder Konditionieren war. Ich brauche in dieser Tätigkeit eine stabile, echte Erreichbarkeit der Hunde. Und zwar immer. Die Hütehunde bestehen aus einem hochselektierten Beutetrieb, die Schafe stellen die Beute dar. Ich liebe meine Schafe ebenso wie die Hunde und muss nun dafür sorgen, dass auf allen Seiten fair gespielt wird. Um eine große Herde sicher durch den Straßenverkehr zu bewegen, was wir auf unseren Umtrieben zu den neuen Weidegründen regelmäßig tun müssen, brauche ich Hunde, die stark sind, leistungsbereit, hochmotiviert und stets mit mir im Kontakt. Die Herde darf nicht beunruhigt werden und sollte zu keinem Zeitpunkt unter Stress geraten.

DER HUND IST DER DOLMETSCHER

Dennoch müssen all diese vielen Geister in meiner Spur sein. Manchmal haben die Schafe auch andere Vorschläge zur Navigation unserer Route und würden lieber schon mal in Nachbars Getreide oder Kleefeld einlenken. Nun ist mein vorausschauendes und räumliches Denken gefragt. Ich muss meinen Hunden vermitteln, was sie den Schafen sagen sollen, damit die Herde exakt auf meiner Spur bleibt. Die Hunde sind also so etwas wie meine Übersetzer, denn sie können durch die räumliche Sprache, ihren präzisen Einfluss und ihre enorme Geschwindigkeit viel besser und direkter mit den Schafen kommunizieren als ich. Ein immer wieder berührendes Schauspiel zwischen drei Gattungen, die zu einer vollendeten Trilogie zusammenwachsen, wenn sich jeder an die Naturgesetze der Sprache hält.

Das Naturgesetz der Sprache habe ich von und mit den Tieren erlernt.

SYMBIOSE AUS DOMINANZ UND KOMPROMISSBEREITSCHAFT

Bei all den romantisch anmutenden Bildern, die Sie nun vielleicht im Kopf haben, geht es allerdings tatsächlich ausschließlich um kluge geometrische Berechnungen. Laufstrecke geteilt durch die Geschwindigkeit, das Bemessen der Winkel und Erkennen der individuellen Distanzen. Es geht um sachliches Erlesen der individuellen Signale der verschiedenen Tiere. Es geht hier nicht um Emotionen, um Interpretationen oder tiefgreifende Analysen. Ich muss dominieren und Kompromisse machen, damit ein solches Manöver nach meinen Vorstellungen und den Gesetzen der deutschen Verkehrsordnung abläuft. Und hier habe ich Ihnen bereits den ersten Schlüssel zum Glück gegeben, den die HarmoniLogie für uns und unsere geliebten Tiere bereithält. Die Symbiose aus Dominanz und Kompromissbereitschaft. Denn nur und ausschließlich hiermit bin ich in der Lage, umsichtig, wertschätzend und artgerecht die Tiere zu führen, zu lenken und zu schulen.

DER GUTE HIRTE

So ist ein guter Schäfer nicht der, der mit der Harfe unter dem Apfelbaum steht und den Schafen beim Fressen zuschaut. Ein guter Hirte ist derjenige, der die Tiere lesen kann, offen für ihre individuellen Reaktionen ist und die geometrischen Gesetze der Natur versteht und anwendet. **In diesem Dialog hat Futterkonditionierung keinen Platz, denn sie wirkt wie das Arbeiten über Verführung und Bestechung. Loben kann der Mensch am besten mit dem Herzen und damit, dass er den Hund in dem fördert, was dieser gerne tut. Und das kann jeder.**

Die HarmoniLogie ist diesem Hintergrund entsprungen und hat verstanden, dass die Gesetze absolut artübergreifend funktionieren. Es ist in der Tat egal, ob Sie den Dialog mit einem Pferd, einem Hund oder einem Menschen führen. Im Rahmen der Evolution haben wir denselben Weg zurückgelegt und sind neurobiologisch sehr verwandt. Das machen wir uns zunutze.

Die HarmoniLogie® ist artübergreifend.

Damit die Herde sich in Bewegung setzt ...

... kommuniziert der Hund räumlich und leiblich.

DIE EVOLUTION HAT UNS VERÄNDERT

Wir Menschen kommunizieren nicht nur, sondern wir benutzen auch eine Sprache. Wörter, Signale, Synonyme, mit denen wir Situationen, Dinge und Gefühle beschreiben können. Das macht unser komplexes Denken aus. Dies entstand durch die Entwicklung des Neokortex in unserem Gehirn, oder der Neokortex hat sich dadurch entwickelt – ein evolutionsgeschichtlicher Prozess. Dieser Neokortex befähigt uns, über das, was wir sagen wollen, denken, fühlen, erlebt haben, zu sprechen. Tiere können das nicht. Sie können nur kommunizieren. Und das im Jetzt. Das bezeichnen wir als lineares Denken. Das komplexe Denken des Menschen bedient die Vergangenheit und die Zukunft. Das lineare Denken des Tieres bedient einfach das Jetzt.

Hunde denken zeit- und lösungsoptimiert. Sie sind Meister darin, das absolut Beste aus ihrem Jetzt zu machen. Nehmen wir den dicken Hund, der besessen davon ist, so viel Nahrung wie möglich in kürzester Zeit aufzunehmen. Der denkt nicht an morgen und auch nicht an seine Figur. Für ihn ist das Jetzt Maß aller Dinge.
Die HarmoniLogie holt uns Menschen in die Ebene des Jetzt und vereinfacht die Kommunikation so, dass sie für das Tier verständlich wird. Durch gutes räumliches Denken, eine klare leibliche Sprache und eindeutige akustische Signale lernen wir, uns dem Tier mit Leichtigkeit verständlich zu machen. Die Signale, die das Tier uns sendet, lernen wir zu lesen. Also können wir erkennen, wie es Raum und Zeit bedient, welche leiblichen Signale es benutzt und wie es sich uns mitteilt. Wir lernen zu erkennen, welchen Ursprung sein Verhalten hat.

001
Zum Film: Border Collie bei der Arbeit aus der Vogelperspektive

LESESCHULE HUND

Das Tier zu lesen bedeutet, es von vorne bis hinten wahrzunehmen, zu erkennen, wie es sich bewegt und wie es Raum und Zeit bedient.

Es bedeutet, offen zu sein für seine Antworten, um ihm nicht die eigene Wirklichkeit überzustülpen. Dazu lernen wir, es wertfrei zu lesen. Die wichtigsten Zeichen, die wir schnell erlernen können, sind:

Das Auge weit geöffnet, entspannt oder zu einem Schlitz gezogen, mit Lidschlag oder ohne, bewegliche Augenbrauen oder feste

Das Ohr in alle Richtungen entspannt beweglich oder in eine Richtung festgestellt, ob aufrecht oder angelegt

Das Genick beweglich oder steif nach oben bzw. nach unten gesenkt

Das Maul geöffnet, geschlossen, ange- oder entspannte Lefze, Maulaktivität wie Kauen oder Schmatzen, Züngeln oder seitliches Abschlecken, angelegtes Tasthaar auf 45 Grad oder aufgestellt auf 90 Grad

Das Gangwerk ein weicher, bewegungskonformer (im Rhythmus der Gangart sauber durchfußender) Ablauf, also sauberer Viertakt im Schritt, Zweitakt im Trab, Dreitakt im Galopp, Rhythmusstörungen bis hin zum Passgang, entspannte Fußung vom Ballen zur Zehe oder angespannte Fußung von der Zehe zum Ballen

002
Zum Film:
Hunde lesen

All diese Signale können das Ausdrucksverhalten des Hundes darstellen. Ein einzelnes Signal hat keine definitive Aussage. Es sind immer alle Signale zusammen, von vorne bis hinten, die wir einlesen müssen, um am Ende den Funktionskreis bestimmen zu können (siehe Seite 21). Es gibt der Antwort des Hundes eine/seine Wirklichkeit, die er ausdrückt. Um Verstehen zu Vertrauen werden zu lassen, müssen wir Menschen lernen, den Tieren zuzuhören, und dazu dient das Lesen.

ABLAUF DES DIALOGES

DIE VIER SÄULEN DER HARMONILOGIE

Beginnen wir mit den vier Säulen der HarmoniLogie®. Es sind

1. die Ansprechbarkeit,
2. die Lobbarkeit,
3. die Störbarkeit und
4. die Abgrenzbarkeit.

Jede Säule wird für sich gearbeitet und gemeinsam mit dem Hund entwickelt. In Kapitel 2, Seite 94 gehe ich intensiv auf diese vier Säulen ein.

DREI ASPEKTE DER ANTWORT

Zudem gibt es noch die drei Aspekte der Antwort. Jede Reaktion des Tieres wird auf diese drei Aspekte überprüft:

1. die Unmittelbarkeit der Reaktion
2. die korrekte innere Haltung
3. die korrekte Ausführung der Aufgabe

Am wichtigsten ist die Unmittelbarkeit der Reaktion, dann folgt die korrekte innere Haltung und zuletzt erarbeiten wir die Ausführung.

Bauen Sie sich selbst Ihr Haus der HarmoniLogie® und ziehen Sie mit Ihrem Hund dort ein.

ACHTSAM UND ZUGEWANDT

Im gesamten Kontext des Dialoges stelle ich zum Beispiel dem Hund eine Frage bezüglich der Ansprechbarkeit. Ich sage seinen Namen und verbinde damit folgenden Wunsch: Er soll unverzüglich, also prompt, auf mich reagieren, in meine Richtung orientiert sein, mir zugewandt. Und mehr noch, er soll dabei freundlich sein, eine wedelnde Rute, ein offenes Mäulchen und einen weichen freundlichen Körper haben. Das wäre Aspekt Nr. 2. Und dann soll er auch noch zu mir kommen, sich vor mich hinsetzen und mich freundlich und konzentriert anschauen. Das wäre Aspekt Nr. 3. Dies ist der Aspekt, auf den ich in der Ausbildung als allerletztes Wert lege. Wichtig ist die prompte und dann auch freundliche Reaktion.

STÖREN BIS ZU EINER AKTIVEN VERÄNDERUNG

Ebenso kann ich dem Hund die Frage nach mehr Raum stellen. Das wäre ein Teilbereich der Störbarkeit. Zunächst gebe ich ihm ein Störsignal: „Nein, nein, nein", freundlich und leise gesprochen. Und dann fordere ich mit einer Bewegung in Richtung seines Rippenbogen mehr Raum. Das Ziel ist, dass er prompt, freundlich wedelnd ausweicht und mich anschaut. Mir also nicht nur mehr Raum, sondern auch mehr Achtsamkeit schenkt. Dann wären alle drei Aspekte der Antwort mit Bravour erledigt.
Bediene ich die Störbarkeit im Sinne des Begrenzens, dann ist ein Hund fertig geschult, wenn ein leises „Nein, nein, nein" reicht und mein kleiner Freund sich unmittelbar mir zuwendet und den Radius, innerhalb dessen er sich bewegen soll, respektiert. So zum Beispiel auch das Ende der Leine. Auf diese Weise kann ich ihm die Grenze seiner Heimat verdeutlichen. Doch hierzu später (siehe Seite 99).

LOBEN, BIS DAS LOB WIRKT

Betrachten wir die Lobbarkeit, so ist diese Säule gut geschult, wenn ich beginne, meinen Hund zu loben, und er unmittelbar das Maul öffnet, sich mir zuwendet, wedelt, weich und positiv aktiv ist. Seine Reaktion auf mein Lob soll angemessen sein an dem Maß des Lobes. Streichle ich ihn, dann ist es gut, wenn er in meinen Händen entspannt, tobe ich mit ihm herum, ist es richtig, wenn er mit mir tobt, meine Bewegungen spiegelt, ohne dabei übergriffig zu werden.

Ein offenes Maul, Lidschlag, eine wedelnde Rute – eine gesunde Beziehung.

NÄHE UND DISTANZ, EINE SYMBIOSE DES GLÜCKS

Mit der Abgrenzbarkeit bin ich in der Lage, meinen Hund jederzeit unmittelbar auf etwas mehr räumliche Distanz zu bringen, ähnlich wie bei der Störbarkeit, bei der ich auch mehr Raum fordern kann. Der Unterschied ist hier, dass ich nicht nur mehr Raum bekomme, es also eine Veränderung der äußeren Haltung betrifft, sondern auch eine Veränderung der inneren Haltung. Es ist der Bereich des „aktiven Angebotes", das wir ansprechen. Raum geben und Raum fordern ist ein elementares Element jeder Beziehung. Das aktive Angebot (siehe Seite 104) ist ein Joker im Umgang miteinander, egal, ob wir derselben Spezies angehören oder nicht. Die Signale, die aufrecht, weich und würdig sind, führen zu einer großen gegenseitigen Akzeptanz und am Ende zu tiefem Vertrauen.

003
Zum Film:
Bond einladen

Gregor interessiert sich brennend für die Katze und weniger für seinen Namen.

Jetzt erfolgt die Störung, …

DAS AMPEL-PRINZIP

Klug und weise ist das Prinzip der Ampel. Und auch sie wurde nicht im menschlichen Denken erfunden, sie wurde bei den Tieren abgeschaut. Davon bin ich überzeugt. Jedes Tier, das sich zur Wehr setzt, mehr Raum fordert oder Achtsamkeit verlangt, tut dies nach dem Prinzip der Ampel. Vier Phasen hat diese und ist logisch und methodisch leicht zu erlernen. Grün ist immer der Rahmen der Harmonie, ein freundliches Signal, eine leise Bitte, eine Anweisung. Entspannt und höflich. Kommt keine Reaktion, was durchaus möglich ist, dann wird eine Warnung erzeugt (Orange). Leise und unaufdringlich, aber eindeutig und klar. Nun kann der Angewarnte einlenken und reagieren oder auch nicht. Bei „nicht“ entsteht eine Form von Impulsivität (Rot). Immer der Reaktion des Angewarnten entsprechend wird ein Impuls freigesetzt, der weder Gewalt noch Bedrohung darstellt, sondern eher wie ein Aufwecken wirken soll. So, als würde Ihr Radiowecker Sie morgens aus dem Schlaf holen. Mehr nicht. Kein Strafen, kein Demütigen, kein Beängstigen. Mit Erwachen Ihres Hundes laden Sie ihn zu sich ein und beginnen mit einer riesengroßen Harmonie (Grün). Achten Sie auf das eindeutige Einhalten der Ampelphasen, damit Sie glaubwürdig sind.

PLAN A UND PLAN B

Tierschule ist kinderleicht, warum? Weil sie so logisch sein muss, dass Tiere sie verstehen. Ein Hund soll in etwa das geistige Niveau eines sechsjährigen Kindes erreichen. Also reduzieren wir jetzt einmal das, was Sie eben gelernt haben, auf Plan A und B. Sie sprechen Ihren Hund an. Nun hat er zwei Möglichkeiten. Er kann reagieren, Plan A, oder nicht, Plan B. Bei A, „er kann“, wechseln Sie in die Lobbarkeit! Bei „nicht“, B, wechseln Sie in die Störbarkeit. Ein leises und entspanntes „Nein, nein, nein“ als Warnung gibt Ihrem kleinen Kollegen die Chance, zu Plan A zu wechseln. Tut er das nicht, dann wecken Sie ihn auf. Nein, nicht mit Wurst und auch nicht mit Gewalt, sondern mit etwas, was Ihren Hund in seinem Handeln unterbricht. Das kann ein Aufstampfen, ein Wasserspritzer oder auch ein Ausschütteln der Leine sein. Sie müssen herausfinden, was Ihren Hund stört. Und genau das setzen Sie als „Impuls“ nach der Warnung „Nein, nein, nein“ ein. Nun zeigt sich Ihr Kollege verändert, erwacht, dann laden Sie ihn doch bitte mit all der Ihnen zur Verfügung stehenden positiven Energie ein und feiern Sie ihn. Das ist eine sauber gearbeitete Ampel in der Praxis. Sie sehen, es ist ganz einfach: Plan A, und wenn der nicht wirkt, dann Plan B, um wieder auf A zurückzufinden. So stellt sich das Prinzip der Ampel dar: logisch, klar und fair.

... bis er reagiert.

Anschließend wird er eingeladen und intensiv gelobt.

SECHS FUNKTIONSKREISE

Den Tieren wie auch uns stehen sechs Funktionskreise zur Verfügung, denen Verhalten entspringt. Diese Funktionskreise lernen wir im Folgenden kennen. Wir lernen das Verhalten unseres Tieres zu erkennen (erlesen) und in diese sechs Funktionskreise einzuteilen, und können so herausfinden, welche Bedeutung die Signale der Tiere, sachlich betrachtet, für uns haben. So füllen wir die Reaktionen, die wir wahrnehmen, nicht mehr mit unserer Wirklichkeit, sondern bleiben bei den Tatsachen. Es ist ein wunderbarer Prozess, denn er ermöglicht einen echten Dialog, vermeidet Missverstehen und schafft Vertrauen.

Bei den Funktionskreisen handelt es sich um Verhaltensmechanismen, die vorgeprägt sind und bei jedem Individuum unterschiedlich stark auftreten. Darüber stellt sich am Ende der individuelle Charakter dar. Es gibt sechs Stück davon, die bei jedem Individuum unterschiedlich stark ausgeprägt sind. Das sogenannte Lernmuster wird von den Erfolgsstrategien geformt, die aus diesen Funktionskreisen herrühren. Haben Sie zum Beispiel einen sehr neugierig wirkenden Hund, dann scheint der Funktionskreis Drängen/Bedrängen stark ausgeprägt zu sein. Wenn er mit dieser Neugierde häufig Erfolg hat, wird sich dieses Verhaltensangebot verstärken.

KOMMEN WIR ZU DEN SECHS MÖGLICHKEITEN

Wir schauen genau hin, wir hören sensibel und differenziert zu und spüren Spannungen und erkennen Bewegungsintentionen. Auch geruchliche Veränderungen versuchen wir wahrzunehmen und mit in unser gutes Zuhören einfließen zu lassen. Wir nehmen die räumliche Veränderung, die Gestik und Mimik des ganzen Tieres wahr und lassen unsere Gefühle und Interpretationen außen vor. **Darüber erfahren wir, was das Tier ausdrückt, und nicht, was wir denken, was es sagen will.** Wir verlassen unsere eigene Wirklichkeit und Wahrheit. Wir halten uns an den Fakten und bewerten das Verhalten nicht. Es geht hier nicht um richtiges oder falsches Verhalten, um Gut oder Böse. Es geht nur darum wahrzunehmen, welche Signale das Tier sendet und darum zu erkennen, in welchem Funktionskreis das Tier sich aktuell befindet.

Drängen/Bedrängen

Wir haben als ersten und wichtigsten Funktionskreis das Drängen/Bedrängen. Der ganze Prozess des Lebens ist ein einziges Drängen/Bedrängen: Fortpflanzung, Geburt, Hunger, Durst, Neugierde, Lernverhalten, soziale Fellpflege, Jagdverhalten. Sie sehen, Drängen/Bedrängen hat viel mit Nähe und Distanz zu tun. Hier erfahren wir

die räumlich orientierte Sprache und lernen diese schnell und leicht zu lesen. So zeigt zum Beispiel der Hund, der mich freudig begrüßt, freundliches Drängen/Bedrängen. Begrüßt der Kollege mich nicht so freudig, sondern aggressiv, dann ist es eine vergleichbare Bewegungsintention, der Hund verlässt seinen Tanzbereich und betritt den seines Menschen, mit unterschiedlicher Spannung oder Energie, eben aggressives Drängen/Bedrängen.
In diesem Funktionskreis liegen viele Verhaltensmöglichkeiten dicht beieinander. Und erst einmal ist es toll, wenn man ein Tier hat, das Nähe sucht, wissbegierig ist und gerne lernt, sich gerne dem Menschen anschließt und zu ihm drängt. Solange das kleine Raubtier das in positiver Absicht macht.
Erlesen können Sie Drängen/Bedrängen erst einmal an einer räumlichen Veränderung Ihres Tieres. Hier beginnen wir Menschen mit der Wahrnehmung der räumlichen Sprache. Stellen Sie sich vor, Sie sind ein Eisbär und stehen auf einer kleinen Eisscholle. Ihr Hund wäre nun ein anderer Eisbär. Klettert Ihr Gegenüber nun auf Ihre Scholle, also betritt er Ihren Radius, ja oder nein? Und nun beobachten Sie, in welcher Bewegungsintention er Ihre Eisscholle betritt. Will er Sie nur besuchen kommen, oder will er Sie von Ihrer Scholle herunterdrängen?
Das Ganze funktioniert auch andersherum. Ihr kleiner Eisbär soll unbedingt auf Ihrer Scholle bleiben. Das will er aber nicht. Er drängt um jeden Preis hinunter. So in etwa ein Hund, der an der Leine zieht oder weglaufen möchte. Das ist auch nur eine räumliche Veränderung und gehört in den Funktionskreis Drängen/Bedrängen. Erlesen können wir diesen Funktionskreis an der räumlichen Veränderung und der Bewegungsintention. Der Körper des Tieres ist aktiv. Und je nach Stimmung groß und aufrecht mit Spannungen oder weich und beweglich aktiv.

Die Passivität

Gesunder Phlegmatismus, eine tiefe innere Ruhe, Gelassenheit oder nennen Sie es auch Faulheit, kann etwas sehr Heilsames haben. Gerade in dieser hektischen menschlichen Welt. Eine entspannte verlangsamte Bewegungsintention, ein weicher Körper mit ruhigem Lidschlag, eine tiefe, gleichmäßige Atmung, eine ruhige Zugewandtheit kann der Passivität geschuldet sein. Wirkt unser vierbeiniger Freund aber steif, fehlt der Lidschlag, ist die Atmung flach und ungleich, die Muskulatur fest, der Rücken rund, die Rute unbewegt, dann ist die Passivität der Vorbote der Abwehr oder wir nennen es die passive Abwehr.
An dieser Stelle erkennen Sie bereits, dass auch der einzelne Funktionskreis unterschiedliche Intentionen vereinen kann, nämlich die, die sich für uns gut anfühlt, und ebenso eine unangenehme.

Drängen/Bedrängen ist die Basis allen Lebens und sie kommt auch beim Lernen oder Spiel zum Einsatz.

Ob innere Ruhe oder erlerntes Warten, beides äußert sich als Passivität.

Abwehr kann defensiv oder offensiv sein. Beides muss sicher erkannt werden.

Die Abwehr

Dann haben wir den Funktionskreis Abwehr, der möglicherweise einer der wichtigsten ist, um das Überleben zu sichern. Ein gesundes Abwehrsystem schützt den Organismus, eine gute psychische Abwehr schützt den Geist. Es gibt räumliche Abwehr oder Verteidigungszonen, die sehr leicht zu erlesen sind und sich individuell unterschiedlich darstellen, Abwehrreflexe und Schutzmechanismen, die von Einigeln über Totstellen bis zur offensiven Verteidigung reichen.

Devotes Verhalten gehört zum Hund. Wir sollten die Hunde jedoch innerlich aufrichten.

Abwehr geht immer mit einem festen, hohen Muskeltonus einher, mit Spannung, mit ausbleibendem Lidschlag, mit einer erhöhten Herzfrequenz. Die Abwehr ist eine kluge und sehr differenzierte Überlebensstrategie, die jedes Individuum besitzt.

Devot

Anders als die Verteidigung funktioniert die Unterwürfigkeit. Diesen Funktionskreis nennen wir Devot. Verlangsamt, demütig, sich klein machend wirken Menschen und Tiere, die sich in diesem Funktionskreis befinden. In Gruppen, Herden oder Rudeln organisierte Tiere stellen sich untereinander räumlich und sozial ein Regulativ dar. Regulieren bedeutet, dass Raum gefordert und auch Raum gegeben wird, dass Dominanzen ausgetragen und Kompromisse angeboten werden, dass Konflikte deeskalierend gelöst werden können, weil jedes Tier in der Lage ist, alle Funktionskreise zu bedienen, nicht nur und ausschließlich Drängen/Bedrängen. Devotes Verhalten wird gerne dazu benutzt, um die Akzeptanz des Regulativs zu transportieren. Gesten, die devote Hunde zeigen, wollen wir Menschen nicht so gerne sehen, da sie uns immer eine schlechte Presse geben. Hunde untereinander fragen das Regulativ regelmäßig ab und zeigen dann devotes Verhalten. Dieser Funktionskreis eignet sich enorm für Missverständnisse, auf die ich später noch eingehen werde.

Die Flucht

Fluchtverhalten ist ebenso notwendig wie die Abwehr. Jeder von uns hat die Möglichkeit der Flucht in sich, viele von uns haben sie vielleicht noch nie ernsthaft in Anspruch genommen. Zum Glück. Gerne wird die Flucht mit Wegdrängen verwechselt. Die Schnittmenge zwischen diesen beiden Funktionskreisen ist eindeutig die räumliche Veränderung. Der Unterschied jedoch ist die Bewegungsintention. Ein fliehender Hund ist ein einziges Spannungsfeld. Entschieden dem Ort den Rücken zu drehen, mit klemmender Rute, aufgerissenen Augen ohne Lidschlag und einer flachen, hektischen oder sogar kurzzeitig ausbleibenden Atmung und einer energiegeladenen Bewegungsintention, lässt keinen Zweifel offen, dass es eindeutiges Fluchtverhalten ist. Will Ihr Hund einfach nur das Klassenzimmer verlassen, wirkt orientiert und organisiert, ist es keine Flucht.

Das aktive Angebot

Aufrecht, höflich, zugewandt, mit positiver Energie, leicht zu aktivieren, leicht zu regulieren, das sind Tiere, die sich im aktiven Angebot befinden. Bezeichnen wir es weiter mit belastbar, kritikfähig, offen für Veränderung, im Körper und Geist beweglich, interessiert und freundlich selbstbewusst. Der klassische Schwiegersohntyp. Und das ist ebenso ein Funktionskreis wie die anderen fünf bislang auch. Nennen wir es „will to please", der Wunsch zu gefallen. Und wenn ich Ihnen jetzt noch verrate, dass man diesen Funktionskreis sogar genetisch fixieren kann, dann möchte man glauben, man könnte sich den Wunsch-Schwiegersohn erschaffen.

Leicht zu erlesen ist dieser Funktionskreis an der entspannten Maulaktivität, dem beweglichen Ohr, dem entspannten Lidschlag, der weichen Muskulatur und der in der Waagerechten wedelnden Rute. Die Bewegungsintention ist entspannt beweglich, die Muskulatur ist gelöst. Der Wechsel von Nähe und Distanz ist spielerisch leicht.

Das aktive Angebot und Drängen/Bedrängen …

… sind die Funktionskreise, die Lernen …

… erfolgreich und fröhlich machen.

Zuhören, um zu verstehen, nicht um zu antworten.

VOM CHARAKTER UND LERNMUSTER

Jeder Hund, jedes Pferd und jeder Mensch besitzt diese sechs Funktionskreise. Allerdings sind sie unterschiedlich stark ausgeprägt. Es gibt durch die menschliche Zucht extreme rassebedingte Unterschiede. Gerade im Ursprung der Rassen, der noch sehr am Gebrauch der Hunde als Mitarbeiter oder Nutztier orientiert war, wurden Verhaltensweisen genetisch manifestiert. Da man zur Arbeit nicht nur Schwiegersöhne brauchte, sondern auch Angreifer, Auftragskiller und Innenminister, gibt es Rassen, die eben nicht nur aus dem geschmeidigen „will to please“ bestehen, sondern auch andere Charaktereigenschaften mitbringen.

Der Charakter ist demnach angeboren. Genau wie eine gerade oder schiefe Nase. Das Lernmuster jedoch ist erworben. Und das Lernmuster beeinflussen wir Menschen. So haben wir auf der einen Seite tiefgreifende Möglichkeiten, durch unsere Erziehung und unser Coaching die charakterliche Entwicklung zu beeinflussen, übernehmen als Erziehungsberechtigte aber auch eine große Verantwortung für unseren Schützling, dass etwas Gutes aus ihm wird. So kann man auch einen komplizierten Charakter durch gezielte Schulung modellieren und etwas begradigen. Ebenso ist es möglich, einen geraden geschmeidigen Charakter zu verbeulen. Das funktioniert in beide Richtungen. Menschen mit einer schiefen Nase können gut damit rüberkommen. Andere, die eine perfekte Nase haben, aber immer verschlossen blicken, haben es manchmal schwerer.

Wir Menschen neigen dazu, unser Gegenüber zu bewerten. Wir teilen in hübsch oder hässlich, in klug oder dumm, in sympathisch oder unsympathisch ein. Wir urteilen in Gut und Böse, Richtig und Falsch. Sehr schnell definieren wir einen Wert. In der HarmoniLogie schulen wir das Beobachten. Die Offenheit für die Reaktion des Tieres ermöglicht uns, herauszufinden, was das Tier ausdrückt. Wir beobachten die räumliche Sprache ebenso wie die Gestik und Mimik und nehmen das Tier in seiner Aussage ernst. Wie ein Biologe, der nur beobachtet und nicht bewertet, stehen wir unseren Hunden und Pferden gegenüber. So erfahren wir, aus welchem Funktionskreis ein Verhalten herrührt, und können dann entscheiden, ob dieses oder jenes Verhalten erfolgreich sein soll oder nicht. So schaffen Sie Vertrauen, so pflegen Sie die Freundschaft. So werden Sie selbst ganz einfach zum Steuermann des Glücks.

004
Zum Film: Jan und Gandalf im Spiel

Sich gegenseitig zuhören ist die Basis des Glücks.

DER TRICK MIT DEN FUNKTIONSKREISEN

DIE ABWEHRFALLE

„Mein Hund mag das nicht", „Mein Hund hat Angst", „Mein Hund ist unsicher", das sind Aussagen, die ich fast jeden Tag in meinem Beruf als Tiertrainerin höre. Diese Aussagen lenken meinen Blick immer direkt auf den Vierbeiner. In der Regel aufrecht, mit hoher Rute, geschlossenem Maul, nach außen orientiert. Da ist in diesem Moment keine Unsicherheit, keine Angst zu erkennen. Es wirkt wie Missverstehen, wie der einseitige Bericht einer einzigen Sicht auf die Wirklichkeit und möglicherweise bin ich hier wieder einem besonders guten Menschentrainer auf der Spur.

Der direkte Weg ist der beste, auch durchs Wasser.

GUTE MISSVERSTÄNDNISSE GEHEN UNS NIE AUS

Gerne erkläre ich die Abwehr des Hundes an dem Beispiel eines Pferdes: Junge Pferde müssen lernen, ruhig und freiwillig die Füße zu geben, damit der Schmied sie pflegen kann. Von Natur aus haben die Pferde aber in den Beinen einen Abwehrreflex. So wie sie etwas festhält, treten sie wild aus. Nun müssen wir aber an diese Füße und das nur, um dem Tier zu nützen, denn ohne Fußpflege gibt es kein gesundes Pferdeleben. Wir müssen also die Abwehr überwinden, und fragen uns nicht, ob das Pferd das mag oder nicht. Wir halten den Fuß solange weich und beweglich, bis die Abwehr aufhört. Dann lassen wir los. Ziel: Das Pferd gibt die Füße entspannt und freiwillig, damit wir sie in Ordnung halten können.

ZURÜCK ZUM HUND

Ein Beispiel: Ein Hund will nicht durch eine Pfütze. Er blockiert, hängt sich in die Leine und zerrt außen herum. Der dazugehörige Mensch gibt nach und denkt: „Ja, wenn er nicht durch die Pfütze will, dann gehen wir eben außen herum." Nicht jeder Hund muss durch jede Pfütze gehen, aber Abwehr ist auch keine Option. Wenn ich als Mensch bereit bin, mit meinem Hund über nasse Füße zu diskutieren, dann erziehe ich den Hund zur Abwehr. Das ist den wenigsten Menschen bewusst.
Erstens, wenn dieser Hund einem Kaninchen nachjagen würde, würde er auch nicht um die Pfütze herumgehen, und zweitens lernt der Hund, mir nicht zu vertrauen. Denn wenn ich sage: „Dies ist ein guter Weg, hier können wir langgehen", und der Hund behauptet, seine Navigation sei besser, komme ich gedanklich tatsächlich in einen nebulösen Bereich der Abwehr, auf dem ich später den richtigen Weg nicht mehr erkennen kann.

ABWEHR IST LEBENSNOTWENDIG

Das Abwehrverhalten im Hund ist ein notwendiger Funktionskreis. Als Erziehungsberechtigter muss ich mir jedoch die Frage stellen, ob einfache Anforderungen wie das Durchschreiten einer Pfütze, das Abstreichen des Gesichts, das Pflegen der Ohren oder Pfoten, der Tierarztbesuch bereits Grund genug sein sollten, damit das Abwehrsystem im Hund Erfolg hat. Und selbst wenn der Hund etwas nicht toll findet, dann kann er es doch wenigstens versuchen und tolerieren. Dieses Beispiel lässt sich auf sehr viele Bereiche übertragen. Der Hund will nicht ins Auto, der Hund will nicht schwimmen, der Hund will nicht auf die Fliesen, der Hund will nicht an dem anderen Hund vorbeigehen. Nein, wir sollen Hunde nicht zwingen, aber überzeugen. Denn in genau diesen Alltagssituationen erziehen wir – manchmal auch in die falsche Richtung.

DER DIALOG HAT VORFAHRT

Spüre ich den Widerstand, dann halte ich unverzüglich an. Ich spreche den Hund mit seinem Namen an. Die ziehende Hilfe (siehe Seite 94). Er reagiert und kommt zu mir. Prima, ich lobe und kann gerne um die Pfütze herumgehen. Er reagiert nicht und hängt sich in die Leine, dabei wendet er den Blick ab und stemmt mit den Füßen von mir weg. Ich bleibe ruhig stehen und beginne, zu stören: „Nein, nein, nein" und einen begrenzenden Arret (siehe Seite 99) zu geben. Der Hund schaut mich an. Ich gehe ein bisschen zurück und rufe ihn mit dem Namen. Er kommt, und wir bleiben noch ein Weilchen in der nassen Zone, um die Ansprechbarkeit zu wiederholen und zu spielen. Schon ist die Pfütze kein Problem mehr. Es geht also um den Dialog, darum, dass mein kleiner Freund das Abwehrverhalten gegen den Dialog eintauscht.

Erziehen findet immer statt. Erkennen wir die Funktionskreise, können wir sie leicht modellieren.

AKTIVIEREN STATT PASSIVIEREN

Den Gesprächspartner für sich gewinnen, über die Abwehr hinwegzugehen ist definitiv das Prinzip der Aktivierung. Wenn ich möchte, dass mein Hund mit mir durch dick und dünn geht, dann sollte ich ihm auch dick erklären.

Die Abwehr stellt in der Beziehung zwischen Mensch und Hund immer wieder Herausforderungen dar. Häufig wird sie nicht erkannt. Häufig findet sie verdeckt statt, wird nicht ernst genommen oder verniedlicht. Beschreiben wir Abwehrverhalten als reine Verteidigung, also ein defensives Sich-zur-Wehr-Setzen, ergeben sich zwei Fragen:

1. Warum ist es notwendig, sich zur Wehr zu setzen? Ist das Tier aktuell überfordert, in einem schlechten Zustand, vielleicht sogar in Not?
2. Ist es eine adäquate Reaktion auf die Fragestellung? Bzw. wurde die Frage adäquat gestellt?

Zappeln und Sich-Winden führt nicht zum Erfolg.

Stellt der Mensch die Frage an das Tier übergriffig, aggressiv oder aufdringlich, so, dass Abwehrverhalten zum Beispiel als räumlicher Schutz notwendig ist, betritt der Mensch einfach die Verteidigungszone (siehe räumlich organisierte Sprache), und muss das Tier seine Scholle verteidigen oder nicht?

Finde ich in dem aktuellen Dialog keinen solchen Hinweis, dann versuche ich, herauszufinden, ob das Abwehrverhalten bereits ritualisiert ist. Ähnlich wie bei Menschen, die jede Frage mit: „Ja, aber …" beantworten.

Das erste Gegenhalten nehmen Menschen oft nicht wahr, das zweite dann vielleicht nicht ernst, das dritte wird entschuldigt und dann stehen wir Menschen plötzlich vor einem Problem. Zum Beispiel streicheln Sie Ihren Hund, dieser steht auf und geht weg. Dann werden Sie sagen: „Der will halt nicht zwangsbeschmust werden." Recht haben Sie. Und es gäbe auch die Möglichkeit, wahrzunehmen, dass der Hund sich entziehen will, weiterzustreicheln und erst dann aufzuhören, wenn der Hund zur Ruhe kommt. Sie können ja zeitnah mit dem Streicheln aufhören, wenn Ihr Eindruck der ist, dass der Hund sich nicht mehr entzieht. Aber Sie sollten nicht den Funktionskreis der Abwehr als Erfolgsstrategie annehmen, sondern nur als Signal, dass es Ihrem kleinen Freund reicht. Das ist der Überblick über die Funktionskreise. Das ist das kluge Anlegen des erwünschten Lernmusters, und genau das passiert zwischendrin, in den Alltäglichkeiten.

WIE ERKENNEN SIE DIE ABWEHR?

Stellen Sie sich erst einmal vor, wie es sich anfühlt, wenn Ihr Tier etwas richtig gerne macht. Aus eigenen Stücken mitgeht, motiviert und fröhlich. Und dann beobachten Sie die Momente genau, in denen es sich anders anfühlt. Die Leine wird stramm, der Blick weicht aus oder starrt ohne Lidschlag, das Vorderbein wird steif, die Rute wedelt nicht mehr, das Maul ist geschlossen, das Tasthaar ist auf 90 Grad aufgestellt, der Körper des Tieres stellt sich entweder frontal vor Sie oder strebt von Ihnen weg. Sie spüren, dass es einen anderen Weg einschlagen möchte. Er sperrt sich, zieht zurück, blockiert oder hält dagegen. Es geht nicht vor und nicht zurück.

WAS GENAU SOLLEN SIE IN DER ABWEHR MACHEN?

Vor allen Dingen erst einmal nicht einknicken. Nicht nachgeben, nicht loslassen. Halten Sie ruhig und freundlich, bewusst entspannt durch. Nicht das Tier bedrohen, keine Spannung, aber auch keine räumliche Veränderung. Warten Sie, in Ruhe und Geduld, und stellen Sie Ihre Frage freundlich, aber bestimmt wieder. Möglicherweise verändern Sie die Art der Fragestellung, in langsamer, leiser, direkter, präziser. So lange, bis das Tier eine Veränderung anbietet. Zum Beispiel von unbeweglich zu beweglich oder von abgewandt zu zugewandt oder von steif zu etwas lockerer. Diese kleine Veränderung sollte ausreichen, um dem Hund mit einem Lob entgegenzukommen und ihm somit diese Lösung erfolgreich zu gestalten.

WAS KÖNNEN DIE FOLGEN ÜBERSEHENER ABWEHR SEIN?

Hat Ihr Hund gelernt, mit der negativen Energie der Abwehr Türen aufzustoßen, hat er gelernt, dass sich Widerstand lohnt, dann ist der Schritt zum offensiven, aggressiven Bedrängen manchmal nicht mehr weit. Ein Hund, der gelernt hat, sich zu wehren, geht schnell ins Drohen über. Auch das wird oft nicht erkannt. Man hat sich an das störrische Verhalten bereits gewöhnt. Für den Hund gibt es irgendwann keinen anderen Ausweg mehr, als den Impuls nach vorne, gegen den Menschen umzusetzen. Erst hält er dagegen, dann stößt er zu, dann benutzt er irgendwann die Zähne. „Er hat mein Enkelkind gebissen! Das hat er ja noch nie gemacht!" Das glaube ich gerne, aber vielleicht hat er schon seit Jahren davon gesprochen und es angewarnt. Es hat nur niemand gehört. Das kann passieren, wenn die defensive Abwehr sich in offensives aversives Drängen/Bedrängen wandelt.

Die Abwehr zeigt sich häufig durch ein Verweigern des Spurhaltens.

WERDEN WIR KONKRET

Sie hat einen Großen Münsterländer. Eine kluge, gebildete Frau, vielleicht etwas zu lehrbuchhaft im Umgang mit dem Hund. Ihm, dem Hund, wird beim Autofahren immer schlecht. Genetisch manifestierte Seekrankheit. Das tritt bei Hunden häufiger auf, als wir glauben. Er speichelt während der ganzen Fahrt, und das hat nichts mit ihrem Fahrstil zu tun. Er steigt, verständlicherweise, auch ungerne ins Auto ein. Ihr Blick weicht mir aus, als sie gesteht, dass sie ihn immer mit einem Leckerli ins Auto gelockt hat. Ich grinse. Warum ist das denn so schlimm? Frage ich mich. Wenn es klappt, ist es doch gut. Am Ende der Stunde bringe ich sie zum Auto. Sie öffnet die Klappe und der ganze Kofferraum ist voller Leckerli. Ihr kleiner Freund will trotzdem nicht einsteigen. Als ich mich hinter den Hund stelle, um zu helfen, dreht dieser sich um und knurrt mich an. „Ups", denke ich, so schlecht ist es ihm also nicht, dass er noch die Möglichkeit sieht, sich mit offensivem aggressivem Abwehrverhalten die Tür aufzustoßen. Und schon wird ihm von vorne eine Fleischwurst reingeschoben. Abwehr schmeckt also gut. Na, dann fangen wir in der nächsten Stunde wieder von vorne an. Im Klartext hat dieser Große Münsterländer keine Chance zu lernen, nicht mit Abwehr zu reagieren, wenn der Mensch nicht versteht, die Funktionskreise zu erkennen. Ja, er will nicht ins Auto. Ja, er ist ein seekranker Hund. Nein, er soll beim Einsteigen keine Menschen anknurren und Nein, das Einsteigen ins Auto ist kein Problem. Das Problem findet im Menschen statt, der das Fehl- und Drohverhalten des Hundes nicht differenziert.

Ein liebevolles, gesundes Regulieren der Funktionskreise und ein guter, kluger Überblick sorgen für eine gute Erziehung.

Meine Empfehlung ist, das Einsteigen des Hundes ins Auto ohne Leckerchen zu üben und auch ohne, dass das Auto fährt. Und das so oft wie möglich. Klappe auf, Hund rein, Klappe zu. Dann rausnehmen, spielen und toben. Etliche Male am Tag. Gefüllt mit positiver Energie. Und das Abwehrproblem des Hundes würde ich im Detail betrachten, also herausfinden, an welchen Stellen im Alltag dieser Hund sich noch zur Wehr setzen möchte, Widerstand leistet und sich verweigert. Ich würde mich darauf konzentrieren, dass er selten Erfolg hat, das Problem nicht auch noch am Auto klären, sodass dieser junge Hund lernen kann, freundlich und weich dem Menschen zu begegnen und nicht sofort die Fäuste aus den Taschen zu ziehen, wenn ihm etwas nicht passt.

Die Rute verrät etwas anderes

Wandelt sich die Abwehr, anders als bei unserem Münsterländerbeispiel, nur in eine Passivität, dann finden Sie am Ende Ihrer Leine einen schwer zu motivierenden, etwas störrischen Gesellen, der konsequent nicht lacht, nicht spielt und sowieso eher keine Lust hat, zu nichts. Auch hier macht es Sinn, den Fehlerteufel im Funktionskreis der Abwehr aufzuspüren. Hunde, die sich festmachen und gelernt haben zu blockieren. Nein, nicht jeder faule Hund ist ein Abwehrhund. Gesunder Phlegmatismus kann ähnlich wirken. Der Unterschied ist der, dass der faule Hund entspannt und freundlich ist. Da gibt es ein Wedeln, eine Maulaktivität und eine große Ruhe. In der Abwehr aber wäre das Wedeln nicht möglich.

Vor zwei Jahren lernte ich Björn und Ida kennen. Eine starke Hündin ...

Kann er nicht oder will er nicht?

Der aber, der in der passiven Abwehr gefangen ist, der wirkt verschlossen, der zögert, wedelt nicht, hält das Maul geschlossen, vielleicht züngelt er ab und zu durch die Schneidezähne, manchmal mit ausbleibendem Lidschlag, manchmal mit hektischem Zwinkern, und wirkt, als hätte er eine flache Atmung, als würde er die Luft anhalten. **Es ist die von Adrenalin geprägte Finsternis, die die Fröhlichkeit im Dunkeln lässt. Und wir Menschen können das erkennen und verändern.** Wir können dieses Abwehrverhalten als nicht lohnend darstellen. Wir können es gegen eine Form der Aktivität tauschen und den kleinen Kollegen in die Lebendigkeit schubsen. Es macht Sinn, hier jede Form von Drängen/Bedrängen zu fördern und jede Form von Gegenhalten zu erkennen und wenn möglich anzusprechen. Abwehrverhalten gehört zum Hund dazu. Es ist nichts Böses, wenn ein Hund Abwehr zeigt. Es ist nicht verboten und es macht auch den Hund nicht gleich gefährlich. Gefährlich wird es erst, wenn Hunde den Weg über die passive Abwehr, also ein stumpfes Gegenhalten, in die aktive bis offensive Abwehr, eben ein Drohverhalten, bis hin zum offensiven, aggressiven Drängen/Bedrängen einschlagen. Diese Route ist sehr unangenehm für beide Seiten. Meist ist es zwar ein etwas längerer Weg, dennoch ein Weg, der bereits mit toxischer und schwerer Energie gefüllt ist.

WERDEN WIR KONKRET

Sie hat einen silbernen Labrador. Ihr Hund ist dreijährig und war bis dato auf einem Schutzhundeplatz. Er läuft geordnet neben seinem Menschen in den Unterrichtsraum, das Maul geschlossen, kein Lidschlag, das Ohr nach hinten angelegt, der Rücken ist leicht gewölbt, die Rute trägt er sehr ruhig unterhalb der Waagerechten. Sie spricht ihn mit dem Namen an. Er reagiert unmittelbar. Er schaut sie an, ohne Lidschlag, das Tasthaar stellt sich auf 90 Grad auf, das Ohr bleibt fest, das Vorderbein wird gerade, es ist eine Zehen-Ballen-Fußung zu erkennen, die Rute bleibt unbewegt, der Rücken ist fest und gerade. „Sitz!" Der streng erhobene Zeigefinger, Spannung in ihrem Oberkörper und das Ausrufezeichen deutlich artikuliert, denn es ist ein Befehl. Ich frage sie, ob sie etwas Raum fordern kann.

... die Drängen/Berängen und Abwehrverhalten zeigte.

Sie konfrontierte ihre Menschen mit Hartnäckigkeit und Konsequenz.

Prompt geht sie einen Schritt frontal auf ihren Hund zu, welcher züngelnd die Schnauze in ihre Richtung stößt, Weißes im Lidschlitz des Auges aufblitzen lässt, die Schulter absenkt, den Rücken aufwölbt, die Rute noch tiefer trägt und ein steifes Vorderbein behält. Ups! Missverstanden im Quadrat. Hier müssen wir aufräumen.
Der Hund droht aus einer Verteidigungshaltung. Und sie hat nicht gelernt, Fragen freundlich und integrativ zu stellen. Sie greift ihn an, ohne das so zu meinen. Sie tut das, weil alle das so tun. So hat sie es gelernt. Und dieser Hund fühlt sich angegriffen und droht. Das hat niemand gesehen.

Der Weg zur inneren Haltung

Ich löse die Situation auf und lasse die beiden eine große Runde gemeinsam joggen und das körperbezogene unterlegene Spiel entwickeln. Erst einmal Adrenalin abbauen. Dann beginnen wir, über den Dialog im räumlichen und leiblichen Kontext zu sprechen. Wir üben Komfortzonentraining und versuchen, den Hund zum Lachen zu bringen. Die Unmittelbarkeit der Ansprechbarkeit ist ja richtig gut. Die innere Haltung ist derzeit leider nicht korrekt. Dafür wurde bisher sehr viel Wert auf die äußere Haltung gelegt. Unser Thema in den nächsten Wochen wird die innere Haltung sein. Der Link zum Lachmuskel und die feine, leise und höfliche Sprache. Wir werden das Erlesen der Signale des Hundes thematisieren und sensibel auf die Antworten unseres kleinen Freundes eingehen. Wir werden den Kontostand der Kritik überprüfen und dafür sorgen, dass dieser Kontostand immer in den schwarzen Zahlen bleibt. Das bedeutet, dass eine Kritik mindestens ein Lob, welches auch Wirkung hat, erfährt. Und wir werden freundliche Fragen stellen, aus einem guten räumlichen Winkel mit entspannter Körperhaltung vorsichtig Raum fordern. Sie wird lernen, bevor sie körperlich Raum fordert, es akustisch zu tun und konsequent über das Ampelprinzip zu arbeiten. So wird sie Vertrauen aufbauen und sehr darauf achten, dass aufkommendes Drohverhalten nicht zum Erfolg führt. Also warnt sie das Fordern von Raum mit dem freundlichen „Nein, nein, nein" an und setzt sich erst dann in Bewegung Richtung Schulter des Hundes, also nicht frontal auf den Hund zu, sondern eher seitlich, sodass der Hund Möglichkeiten und Räume sieht, in die er ausweichen kann, wenn auf die Warnung keine Reaktion kommt.

Der Hund soll Wind in deinen Segeln sein.

Mit Missverständnissen aufräumen

Drei Monate später Sie betreten gemeinsam den Raum. Die Leine hängt wie gewohnt entspannt durch. Und am Ende dieser Leine sehe ich einen Hund mit geöffnetem Maul, beweglichem Ohr, federnden Bewegungen und einer entspannt schwingenden Rute. Sie spricht ihn an. Leise und freundlich sagt sie seinen Namen. Unmittelbar wendet er sich ihr zu und schleckt seitwärts ab. Er sitzt vor ihr und wedelt. Sie spielen und lachen. Dann fordert sie etwas mehr Raum, indem sie weich und freundlich „Nein, nein, nein" sagt und mit einer weichen langsamen Bewegung sich seitlich in den Tanzbereich des Hundes bewegt. Ihr Hund geht selbstverständlich etwas zur Seite, aufrecht im Vorderhund, weich und entspannt im Hinterhund, welcher zwar noch weicht, aber dennoch wedelt. Jawohl! Was für ein begabter Mensch, was für ein toller Hund, was für ein schöner Weg, der Missverstehen gegen Verstehen tauscht, der das Misstrauen in Vertrauen wandelt. Weiter so.

ABWEHR KANN KRANK MACHEN

In der Tat ist es so, dass es gesundheitliche Folgen des ritualisierten Abwehrverhaltens geben kann. Hunde, die sich festhalten, verschlossen sind, wirken, als wären sie Geiseln der Abwehr. Ein immer zu festgehaltener Rücken kann zum Passgang führen, zu Fehlhaltungen des Beckens sowie zu Muskelverspannungen im ganzen Hund. Gewiss kennen Sie es von sich selbst, wenn Sie unter

Für beide gab Komfortzonen- und Kommunikationstraining ...

... Spur und Spaß. Ida wurde ansprechbar.

Heute ist Ida entspannt, kooperativ und überwiegend frei. In diesem Fall hat das erste Kind Fell.

ständigem Stress oder Druck leben und immer die Schultern hochziehen, dann haben Sie irgendwann Kopf- und/oder Rückenschmerzen. Es macht den Körper und den Geist, die Seele und das Nervensystem sowie das Bindungssystem auf Dauer schwach, wenn das Abwehrsystem im Organismus nicht zur Ruhe finden kann.
Umso wichtiger ist es, das Abwehrverhalten in die richtigen Bahnen zu lenken, damit Ihr Hund Ihnen nicht nur vertraut, sondern auch gesund bleibt. Widerstand lohnt sich nicht, Angebote sind gesund und das auf allen Seiten.
Lernt man, den Widerstand gut zu lenken, dann ist ein reibungsloses, freundliches Miteinander möglich. Hunde, die sich überwiegend in den Funktionskreisen „aktives Angebot" und „Drängen/Bedrängen" bewegen, erzeugen bei ihren und auch bei anderen Menschen Vertrauen. Sie schaffen Vertrauen durch Vertrauen. Denn sie trauen den Menschen. Sie brauchen sich nicht zu verteidigen, zu wehren. Sie strahlen Selbstbewusstsein und Kritikfähigkeit aus. Sie sind fröhlich, frei und folgsam.

GEFÄHRLICHER COCKTAIL

Funktionskreise stellen sich manchmal sehr eindeutig dar. Man erkennt sofort: Das ist Drängen/Bedrängen oder hier haben wir eine eindeutige Abwehr. Schön ist es auch, ein glasklares aktives Angebot erleben zu dürfen. Es gibt aber auch Mischformen. Und manche Mischung stellt sich als gefährlicher Cocktail dar. Gefährlich, weil es uns Menschen in die Irre führen kann, zu vorschnellen Schlüssen verleitet und demnach Missverständnisse erzeugt. Dies wiederum kratzt gerne einmal am Vertrauen. Die Möglichkeit, mit verschiedenen Funktionskreisen gleichzeitig zu reagieren, ist von der Natur so vorgegeben. Diese Mischformen, die wie Trickspielerei wirken, erfolgen, wenn das Tier noch keinen definitiven Entschluss gefasst hat, wie es reagieren will, oder aber, wenn verschiedene Reize zeitgleich auf das Tier einwirken. Ebenso kann es sein, dass das Tier mit verschiedenen Reaktionen bereits Erfolg hatte und verschiedene Reaktionsformen gleichzeitig ausdrückt.

Zieht der Hund beim Streicheln den Kopf weg, …

… blockiert beim Herkommen, …

… und wendet sich ab, zeigt er Abwehr.

Ist die Beziehung geklärt, entstehen Spaß und Vertrauen.

Das Ergebnis ist eine wunderbare Zugewandtheit auf beiden Seiten.

WERDEN WIR KONKRET

Er ist ein Jahr alt und wunderschön. Ein lebendiger, fröhlich aktiver kleiner Aussi. Sie möchte mit diesem Hund alles richtig machen. Erfahrene Hundeausbilder innerhalb der eigenen Familie erhöhen den eigenen Anspruch der Richtigmacher-Karriere. Im Unterricht üben wir das körperbezogene unterlegene Spiel, indem der Mensch dem Hund Raum gibt und ihn aktiviert. Bei diesem Burschen kein Problem. Er lacht und saust mit seinem Menschen mit. Nun stellen wir die Frage nach etwas mehr Raum, um die Spielregeln in Bezug auf Übergriffigkeiten zu erklären. Ein leises „Nein, nein, nein" und ein freundlich entwickeltes geometrisches Raumfordern sollen etwas den Abstand regulieren. Prompt setzt sich unser kleiner Freund auf seine vier Buchstaben, wendet den Blick ab, presst das Maul zusammen und rührt sich nicht mehr. Sitzblockade. Der an sich weiche und fröhliche Hund stirbt förmlich ab, ebenso der Mut in der jungen Frau, diese Fragestellung weiter zu verfolgen. Er zieht den Stecker und scheint beide im Dunkeln stehen zu lassen. Sein Rücken wirkt aufgewölbt, das Maul ist geschlossen, das Tasthaar ist aufgestellt, er züngelt leicht, das Genick zieht sich nach unten und die Bewegungsintention ist gleich null. Sie knickt ein und ich denke über den Hund: „Was für eine Dramaqueen, Schule für dramatische Kunst, 7. Semester!"

Lesen wir:

1. Passivität, der Körper wird regungslos.
2. Devot, der Rücken ist rund, die Rute nicht zu sehen, der Blick ist abgewandt, das Genick zieht sich nach unten.
3. Abwehr, das Maul ist zusammengepresst, er züngelt, das Tasthaar ist aufgestellt.

Emotionale Schwerstarbeit

Diese Mischung ist in der Tat schwer auszuhalten. Und dabei ist es nur ein Missverständnis. Toller Mensch, toller Hund und dann diese Sackgasse. Passive, devote Abwehr macht niemandem Freude. Ich mache der jungen Frau Mut, weiter Raum einzufordern. Zeitlupenartig dreht der Hund seine Schnauze in ihre Richtung. Das ist ein Zustoßen in Zeitlupe. Dahinter sitzt eine Beißintention, nur davon weiß dieser junge Hund noch nichts. „Freundlich weiter Raum fordern, bitte nicht aufgeben", ermutige ich den Zweibeiner und konzentriere mich auf den Moment der Veränderung im Vierbeiner. Zunächst geht es noch weiter in die Sackgasse. Der Hund will nun, nachdem das Drohen nicht erfolgreich war, mit Totstellen kontern. Das vegetative Nervensystem des Menschen setzt sich in Gang. Ihr wird es warm. Dieser Moment strengt emotional sehr an. Das kann ich gut verstehen. Also arbeiten wir noch langsamer, machen Pausen für Gespräche und überlegen, wie hoch die Anforderung an den Hund ist. Er soll nur ein ganz kleines Stück von ihren Füßen weggehen, ihr Raum geben. Wir überprüfen, ob es aktuell einen Grund für diese Abwehr gibt, ob sie zu laut, zu aggressiv ist oder unrecht gehandelt hat, und sind uns einig, dass das nicht der Fall ist. Es dauert ein kleines Weilchen und kostet mentale Kraft, weiterzufragen und zu fordern. Wir signalisieren dem Hund, dass Sich-auf-den-Boden-Schmeißen und Heulen nicht die richtige Lösung ist, denn damit kann man es am besten vergleichen. Mit dem Kind an der Supermarktkasse, das schreiend am Boden liegt und heult, weil es kein Überraschungsei bekommt. Plötzlich steht der Hund auf. „Stopp!" sage ich. „Nun können Sie Ihren Hund loben, aber nicht einladen, nur loben." Ihr fällt ein Stein vom Herzen. Wie verrückt wedelt der kleine Hund, ihm scheint auch ein Stein vom Herzen gefallen zu sein.

Kleine Fragen, kleine Antworten

Wir stellen die Minifrage nach einem klitzekleinen Stück Raum noch einmal. Er bleibt aufrecht und geht ein ganz kleines bisschen zur Seite. „Nun können Sie ihn einladen und feiern!" Und genau das tut sie dann auch. Es war emotionale Schwerstarbeit für diese so begabte junge Dame. Aber sie hat nicht nur sich damit befreit, sondern im Besonderen ihren Hund. Er lernt, ihr zu vertrauen, denn er versteht, dass devote, passive Abwehr nicht das Ziel ihrer Fragestellung ist, so, wie er es vermutlich annahm, sondern einfach nur etwas mehr Raum. Und das kann er leisten. Er ist ja ein Hund, ein kluger und fröhlicher zudem. Es war ein Etappensieg für beide, aber die Stunde ging noch weiter.

Weitere Baustellen mit gleichem Muster

Sie beklagte sich, dass das Hinlegen eine Katastrophe sei. Wir schauten es uns an. Sie sagte ihr Signal und es passierte nichts. Man kann nicht nicht kommunizieren, das haben wir von Herrn Watzlawick, dem Kommunikationswissenschaftler, gelernt. Also nicht zu reagieren ist auch ein Reagieren. Mehr noch, es ist ein alter Schuh in dieser jungen Beziehung. Passive Abwehr. Er kannte das Signal und seine Bedeutung, hatte aber diesen Cocktail der Funktionen als Lösung abgespeichert. Als sie den Hund korrigieren wollte und vorsichtig die Hand in seinen Nacken legte, konnten wir in Ruhe lesen. Das Maul war geschlossen, das Tasthaar auf 90 Grad aufgestellt, das Auge hatte keinen Lidschlag, der Hund fror ein, der Nacken war tief, der Rücken war rund. Und in dem Moment der Berührung stieß er in Zeitlupe mit dem Maul in Richtung ihrer Hand. Da war sie wieder, die Slowmotion-Beißintention des in der Tat sehr lieben Hundes. Intuitiv zog die Schülerin die Hand weg. „Hm", denke ich, „da hat die Abwehr wieder Erfolg". Fehlerteufel aufgespürt, jetzt müssen wir ihn noch vertreiben.

Damit Hunde lachen, müssen wir ihr Herz erobern …

… und gezielt das Bindungssystem stärken.

Abwehr lohnt nicht

Ich bitte sie, die Hände einfach ganz weich am Hund zu lassen und zunächst einmal die Lektion zu vergessen. „Denken Sie nicht an das Hinlegen, sondern daran, dass Abwehr keine Lösung ist. Es ist jetzt gerade egal, ob er sich hinlegt oder nicht, aber er soll Sie nicht beißen wollen." Der Dialog hat Vorfahrt.

Sie vertraut mir und fasst ihren geliebten Hund mit der einen Hand weich am Halsband an und legt die andere in seinen Nacken. Sie sagt das Signal weich, leise und freundlich. „Leg dich bitte!" Ihre Erwartung richtet sich jetzt an die Abwehr, nicht an die Lösung. Er zeigt zuverlässig das unerwünschte Verhalten, sie hält jedoch entspannt durch. Er hört auf zu drohen und gibt ein kleines Stück nach. Sie lobt und wartet einen kleinen Moment. Dann stellt sie ihre Frage erneut. „Leg dich bitte." Er gibt nach und legt sich hin. Puh, geschafft! Jetzt ist es nicht mehr weit, denn diese junge Frau hat einen Überblick bekommen, der den Weg aus der Sackgasse heraus aufzeigt.

Sie hat verstanden, wie sie Abwehr erzeugt hat, weiß aber nun auch, wie sie das reparieren kann. Die Stimmung, die sich plötzlich zwischen diesen beiden Individuen breitmacht, kann ich nur mit einem Wort beschreiben: Glück.

Auf einen gelungenen Dialog kann eine solide Ausbildung und eine stabile Partnerschaft aufgebaut werden.

INSTRUMENTE FÜR DAS VERTRAUEN

Sie haben mich nun beim Sezieren eines Dialoges begleiten können. Die wichtigsten Instrumente, um Vertrauen zu fördern und Missverständnisse zu reparieren, sind in der Zusammenfassung folgende: Ruhe, wertfreies Hinschauen, sortieren der Funktionskreise, Freundlichkeit, Entschleunigung, Eingehen auf die innere Haltung, Standhaftigkeit und dann wieder Ruhe. **Wir machen den Hunden und auch den Menschen keinen Vorwurf aus dem Fehler, sondern helfen ihnen da raus.**

AUS FEHLERN LERNEN

Fehler sind eine Chance, um zu lernen, und somit eine Option, es in Zukunft besser zu machen. Die Chance wird größer, je weniger Abwehr, Druck und Spannung die Beziehung in einem Team hemmen. Mit gemeinsamen positiven Begegnungen, Erfolgserlebnissen, mit innigem und intensivem Kontakt zahlen wir ein Guthaben auf unser Beziehungskonto ein. Die Summe hieraus sind Investitionen in eine vertrauensvolle Partnerschaft zwischen Mensch und Hund. Lernen wir, die Tiere zu orientieren statt zu kritisieren, erziehen wir fehlervermeidend.

TIEFES VERTRAUEN SELBST GEMACHT

Die Mischung der Funktionskreise ist ein großes Thema. In verschiedenen Schattierungen und wechselnder Intensität können die Antworten auf unsere Fragen ein immer wieder anders zusammengesetzter Cocktail sein. Die Fragen, die wir stellen, sind bislang sehr überschaubar: Kannst du mir Kontakt schenken und gesprächsbereit sein? Bist du bereit, mein Lob anzunehmen? Kannst du mir etwas mehr Platz machen/ Raum geben? Das sind die ersten drei Säulen der HarmoniLogie®.
Während wir maßgeblich mit diesen drei Fragen hantieren, stellen die meisten Hunde nur eine einzige. Ich betone: die meisten. Es gibt natürlich auch einige andere, aber der Mehrzahl des mitteleuropäischen Luxushundes kommt meist eine Frage in den Sinn: Kann ich schon mal …?

Den Hunden ein Zuhause sein, immer und überall.

KANN ICH SCHON MAL …?

Beenden können Sie diese Frage mit: … ein Leckerchen bekommen, rumschnüffeln, an der Leine ziehen, den anderen Kollegen anbellen, das Kind anspringen, jagen gehen, egal ob Eichhörnchen, Katze oder Reh, etwas Feines vom Tisch klauen, an jedem Busch markieren usw. Warum das dieselbe Frage ist? Weil es immer aus demselben Funktionskreis stammt. Drängen/Bedrängen. Es ist des Menschen Großbaustelle, die er mit seinem Hund betreut. Und es gibt auf diese Frage immer dieselbe Antwort: Jetzt denken Sie vermutlich die Antwort ist das „Nein". Aber dem ist nicht so, es ist die ziehende Hilfe.

HILFEN ALS ABKÜRZUNG ZUR LÖSUNG

Und die Lösung ist der innige, vertrauensvolle, verbindliche Kontakt zum Menschen. Ich gebe also dem Hund eine räumliche Orientierung, eine Komfortzone und eine verbindliche Ansprache. Ich baue verbindlich Kontakt zu meinem Hund auf und kann mithilfe dieser räumlichen Orientierung all die oben genannten Fragen gegen ein großartiges, freundliches Miteinander tauschen. Und wenn Sie mir jetzt beweisen wollen, dass das nicht funktioniert, weil Ihr Hund dann nämlich nicht auf die ziehende Hilfe reagiert, dann lade ich Sie ein, mit mir noch einmal ins Klassenzimmer zu kommen.
Stellen Sie sich vor, Ihr Hund würde in all den Situationen, in denen es schon einmal unelegant war, auf seinen Namen hören. Es klingelt an der Tür, Ihr Hund bellt, Sie sprechen ihn an, er reagiert, hört auf zu bellen, wedelt und kommt.

Glück hat mindestens sechs Beine, oder noch viel mehr. Bei mir sind es an die fünfzig.

Sie treffen seinen Lieblingsfeind, Sie sprechen ihn leise an, er wendet sich, schaut Sie an und wedelt. Sie gehen durch den Wald, vor Ihnen saust ein Reh über den Weg, Sie sprechen ihn an, er ... Sie glauben doch, Sie sind im Paradies, oder? Und tatsächlich, das geht. Es ist die ziehende Hilfe (siehe Seite 94), die Orientierung gibt, entspannt und Vertrauen schafft. Natürlich müssen wir sie gut arbeiten und dem Hund richtig erklären. Sie könnten Ihren Hund auch immer mit Nein stören und unterbrechen, aber das schafft eine toxische Energie. Das Nein benutzen wir nur dann, wenn die ziehende Hilfe nicht funktioniert, um die Achtsamkeit wiederherzustellen, Sie erinnern sich an Plan A und Plan B, (siehe Seite 20) um dann wieder in die ziehende Hilfe zu finden.

WERDEN WIR KONKRET

Sie ist sportlich und wollte schon immer einen sportlichen Hund. Einen Mischling aus Border Collie und Australian Shepherd. Rot. Rüde. Bildhübsch. Nun ist er anderthalb Jahre alt und steht im Leben. Es sprudelt aus ihr heraus, was alles schwierig ist in dieser noch so jungen Beziehung. Er bellt, wenn Freunde kommen, springt sie an, er ist leinenagressiv und mag keine anderen Rüden, er zieht an der Leine, deswegen kann sie auch nicht mit ihm Fahrrad fahren, er würde sie vom Rad ziehen, er ist jagdlich sehr ambitioniert, besonders Katzen und Eichhörnchen mag er zum Fressen gern, und er hütet Autos. In ihrer Freizeit spielt sie mit ihm Frisbee und macht Agility, damit er sich auspowern kann.

Ich fühle mich wie eine Registrierkasse bei der immer dasselbe eingegeben wird und sich die Menschen am Ende wundern, was auf dem Bon steht. Drängen/Bedrängen.

Die sportliche junge Frau hat sich einen Hund gekauft, der zwei Hütehunderassen vereint. Und Hütehunde sind extrem triebstarke Hunde. Drängen/Bedrängen ist hier genetisch, also zuchtgeschichtlich vorprogrammiert. Erst einmal eine gute Grundvoraussetzung, wenn man sportlich aktiv sein möchte mit seinem Hund. Aber diese Hunde brauchen sehr viel Ordnung, Disziplin, ein klar strukturiertes Miteinander, damit dieses Maß an Drängen/Bedrängen in die richtigen Bahnen gelenkt wird. Es drängt also an allen Ecken und Enden aus dem jungen Hund heraus. Energie, Lebensfreude, Beutemotivation, Bewegungsdrang. Ich kann das einem Hund nicht verbieten, das ist fast so, als würde ich ihm verbieten wollen, zu atmen. Aber ich kann die Motivation modellieren, lenken und leiten und so am Ende für mich nützlich machen.

Sie sagt, sie habe schon viele Tricks mit ihm geübt. Ihre Hand bewegt sich Richtung Tasche. Blitzartig dreht der Hund seinen Kopf, stellt das Ohr hoch, das Auge hat keinen Lidschlag, das Maul ist zu, das Tasthaar auf 90 Grad aufgestellt, der Rücken ist fest, die Rute oben. Er starrt auf die Tasche. Ich grinse und sage: „Aber alles nur für einen Keks, oder?" – „Neee", sagt sie, „auch für Spielzeug." Das hat dieselbe Wirkung. Ich sehe den Hund in einer Einbahnstraße. Denn er hat bislang keine Chance gehabt, durch Höflichkeit, Freundlichkeit und Kooperation Erfolg zu haben. Er ist mit Drängen/Bedrängen ausgerüstet und dieser Funktionskreis wurde so massiv gefördert, dass er keine andere Möglichkeit sieht, als so zu reagieren. Wir sollten schnell mit dem Training beginnen, damit diese Einbahnstraße nicht zur Sackgasse für diese junge Beziehung wird.

Dieser Hund hat Drängen/Bedrängen verinnerlicht.

Er ist distanzlos und übergriffig im Spiel.

Gegenseitiger Respekt gehört auch in Spielsituationen.

Reizarme Räume helfen ihm, um lernen zu können.

Eine gute Lernatmosphäre schaffen

Wir besprechen, dass wir Reizlagen und die bislang gewohnten Trigger wie Futter und Spielzeug erst einmal weglassen wollen. Wir schaffen einen ruhigen und reizarmen Raum, eine positive, gute Lernatmosphäre und beginnen mit der ziehenden Hilfe. Zu Beginn klappt die noch ganz gut, zumindest die Orientierung in ihre Richtung, leider ohne Blickkontakt, da der Hund ständig auf die Hände starrt. Nach und nach, als der Hund merkt, dass es keinen Keks mehr gibt, wird es schwieriger, diesen Hund zu orientieren. Wir müssen die Strategie und auch die Säule wechseln. Wir verlassen die Ansprechbarkeit und starten die Störbarkeit. Wir üben das geometrische Nein (siehe Seite 100). Die junge Frau ist motorisch sehr geschickt, lässt ein Bein stehen und versucht, entspannt mit dem anderen Bein den Hund von ihrer Eisscholle zu treiben. Erst reagiert dieser gar nicht, dann macht er sich steif, dann stellt er sich frontal mit aufgestelltem Tasthaar, zusammengepresstem Maul, das Auge hat keinen Lidschlag, der Rücken ist fest, die Rute ist erhoben. Er hält förmlich die Luft an. Aus Drängen/Bedrängen wurde hier zunächst passive Abwehr. Ich mache ihr Mut, langsam und freundlich weiterzufragen. Er wagt die Flucht nach vorne und stößt zu. Mit geschlossenem Maul dringt er in ihren Radius ein. Das ist aggressives, offensives Drängen/Bedrängen. Sie bleibt ruhig. Ich glaube, sie hat gar nicht gemerkt, dass das ein Angriff war. Sie fordert weiter Raum. Er friert ein. Er weiß nicht, wie er reagieren soll. Ich bitte sie, immer wieder Pausen zu machen und dann weiterzufragen, ihn aber noch nicht einzuladen. Die Pausen tun beiden gut. In dieser Pause steht sie nur da und nichts passiert. Dann erneut „Nein, nein, nein", und eine weiche, langsame Bewegung in seinen Radius. Er weicht zur Seite aus, zwar nur einen Schritt, aber er hat es versucht. Sie darf ihn einladen und tatsächlich, er kommt sofort zu ihr. Er kommt nicht nur, er bewegt sein Maul, er hat Lidschlag, die Rute senkt sich und das Beste ist, er schaut sie an. Er schaut ihr in die Augen. Sie sieht das. Sie versteht das und da kullern plötzlich die Tränen. Denn das hat er noch nie gemacht. Er hat sie noch nie angeschaut. Jetzt brauchen wir alle erst einmal eine große Pause. Es wird geschmust, ausgeruht und dann etwas unterlegen gespielt. Reizarm, nur durch Bewegungen aus seinem Tanzbereich raus. Die ganze Situation hat ungefähr drei Minuten gedauert. Es hat sich wie eine Ewigkeit angefühlt.

Regulieren und aktivieren

Da wir den Hund nicht angegriffen haben, sondern auf eine für ihn verständliche Art Raum gefordert haben, dadurch, dass wir unaufgeregt, aber dominant waren, dadurch, dass wir mit unseren Pausen Kompromisse gemacht haben, konnten wir dem Hund einen Weg aus dem Funktionskreis Drängen/Bedrängen heraus zeigen.
Es war noch kein aktives Angebot, aber bestimmt eine kleine Vorstufe. Erst einmal wollten wir, dass er etwas verändert. Nun können wir ihm erklären, was er verändern soll.

Nach kurzer Zeit beginnen wir noch einmal. Sie wartet einen Moment ab, in dem er nach außen orientiert ist. Das dauert nicht lange. Sie spricht ihn mit dem Namen an. Er reagiert nicht. Dann stellt sie sich auf das eine Bein. Das ist ihr Standbein, damit sie nicht frontal auf den Hund zukommt. In derselben Hand hält sie die Leine kurz. Dann sagt sie ihr „Nein, nein, nein". Freundlich und unaufgeregt. Dieses Mal springt er sie direkt an. Ich bitte sie, einfach weiterzufragen. Wie eine Raupe soll sie unbeirrt weiterfragen. Das offensive Drängen/Bedrängen des Hundes hatte keinen Erfolg. Er weicht zur Seite aus. Blickkontakt. Einladen. Loben und feiern. Im zweiten Durchgang waren die Antworten des Hundes verändert. Das hat mich gefreut, denn alles, was veränderbar ist, ist beweglich. Und alles, was beweglich ist, ist lebendig. Es wird klar, dass im Kopf des Hundes ein Prozess begonnen hat, den wir angestoßen haben und nun lenken sollten. Raus aus der Einbahnstraße, abbiegen in den fließenden Verkehr.

Die Wiederholung ist die Mutter allen Lernens

Mit etlichen großen und kleinen Pausen, mit viel Spiel und Freude entwickeln wir den Dialog. Beide scheinen in diesem reizarmen Ambiente zu verstehen. Es wird immer leichter, den Hund über die Störbarkeit zu regulieren und mit der Ansprechbarkeit zu orientieren, mit dem Lob zu aktivieren. Deswegen sind wir noch nicht bereit für Eichhörnchen und Co. Wir gehen reizarm in den Dialog und etablieren diese Situation erst einmal. Kleine Reize wie einen Futternapf, ein spielendes Familienmitglied, eine läutende Türklingel reichen aus, um in Ruhe genau diesen Dialog zu wiederholen.

Etappensiege feiern

In der folgenden Woche haben wir wieder eine Sitzung. Sie spricht ihren Hund mit dem Namen an. Er reagiert unmittelbar. Dann kommt wie gerufen meine Lieblingskatze in unser Klassenzimmer. Zack, Ohren hoch, steil an das Ende der Leine und im Geist nur noch ein Gedanke: „Die will ich!" Sie spricht ihn leise an. Keine Reaktion. Wir beginnen von vorne. Langsam und ruhig. Die Katze hat eine sehr polarisierende Wirkung. Gesprächsbereit zeigt er sich immer dann, wenn er seinen Menschen und die Katze gleichzeitig wahrnehmen kann. Das erste Mal nehmen wir das an und laden ihn hier ein. Dann beginnen wir, über Raum und Zeit zu dominieren. Wir drehen uns immer mehr so, dass der Hund dem Reiz den Rücken zuwenden muss. Das ist zu Beginn keine leichte Aufgabe.

Die stille Dominanz der räumlichen Organisation der körperlichen Sprache

Es beginnt also das Spiel aus „Wer bewegt wen?" Wir beginnen die geometrische Störung so anzulegen, dass er der Katze den Rücken zudrehen muss. Es geht einige Male hin und her, bis sie ihn gut und präzise einparken kann. Unfassbar. Gut gemacht, die erste Katze hätten wir geschafft. Und damit auch die erste Hürde, denn im Kopf dieser jungen Frau wurde ein Gefühl für Raum und Zeit freigesetzt. Sie hat sich auf die leibliche und räumliche Sprache extrem gut eingelassen. Nun wird sie mutiger. Sie hat verstanden, dass sie ihren Hund immer erst mit dem Namen anspricht. Ihm eine Chance gibt, aus dem Raum Drängen/Bedrängen herauszukommen. Erst wenn er darauf nicht reagiert, beginnt sie, ruhig zu stören, so lange, bis er reagiert. Dann lädt sie ihn wieder ein.

Das Vertrauen zueinander wächst

Ein paar Wochen später ist der Dialog fertig. Es wirkt ganz leicht. Sie sagt seinen Namen und selbstredend wendet er sich ihr zu. Egal, ob da ein Eichhörnchen oder die Katze ist, die Kinder spielen und die Autos fahren. Sie ist sein Mittelpunkt geworden.

Sie hat gelernt, offen zu sein für seine Antwort. Sie hat gelernt, im Rahmen seiner Möglichkeiten Fragen zu stellen. Sie haben gemeinsam gelernt, Feste zu feiern. Mit zunehmender Zuverlässigkeit tastet sie sich an die Reizlagen ihrer Umgebung heran. Sie will keine Tricks, sie will den Dialog. Und den bekommt sie. Die Tricks machen wir dann, wenn der Dialog sicher sitzt, denn der Dialog hat Vorfahrt, er gibt Sicherheit und er schafft Vertrauen. Und dieses Vertrauen ist selbst gemacht.

DIE HÄUFIGSTEN MISSVERSTÄNDNISSE

Kommen Sie, wir schauen uns die schönsten und häufigsten Missverständnisse zwischen Mensch und Tier genauer an. Missverständnisse gibt es überall und kommen in den besten Familien vor. Der Weg vom Missverstehen zum Misstrauen ist ein recht kurzer, der vom Verstehen bis hin zum Vertrauen wirkt immer ein wenig länger. Vertrauen erzeugen und Missverständnisse vermeiden ist exakt die Route, die wir Menschen wählen sollten. Sie zu identifizieren und aufzulösen ist eine Freude. Es bringt Klarheit und man begegnet sich mit frischer Energie. Missverständnisse gibt es auf verschiedenen Ebenen. Es gibt räumliche, emotionale, sprachliche und inhaltliche Missverständnisse. Im Ranking der schönsten und häufigsten Missverständnisse kann man sich selbst gewiss an der einen oder anderen Stelle wiederfinden. Vielleicht öffnet es die Augen, wie schnell wir aus Verstehen Missverstehen machen und das Vertrauen ersticken.

Offensives Bedrängen mit Spannung ist kein freundliches Spielangebot.

1. HUNDE ERNST GENOMMEN?

Betrachten wir ihn von vorne: Groß, aufrecht steht er da. Das Auge hat keinen Lidschlag, die Ohren sind wie zwei Satellitenschüsseln aufgerichtet. Sein Maul hält er geschlossen, um ehrlich zu sein, zusammengepresst. Der Nacken ist steif, der Rücken ist stramm. Die Rute wirkt wie ein Fahnenmast bei Vollbeflaggung. Seine vier Beine stehen fest am Boden. Kein Wind könnte ihn umhauen. An seinem Hals ist ein Halsband. Das trägt die Steuermarke. Geführt wird er am Geschirr. Na, geführt ist ein Wunschdenken. Sagen wir gesichert. Dreimal hat die junge Frau sich die dicke Leine um die Hand gewickelt. Die Finger fangen schon an, sich zu verfärben. Sie steht nicht so sicher da. Sie steht im Ausfallschritt. Und was glauben Sie, was über ihre zittrigen Lippen kommt? Na klar, der will nur spielen. Ja, will er vielleicht, nachdem er meinen Dackel gefrühstückt hat.
Dieses Missverständnis liegt im Ranking der schönsten Missverständnisse gewiss auf Rang eins. Es ist nicht nur ein Klischee, es ist der Klassiker, der immer wieder verdeutlicht, wie wenig ernst wir unsere Tiere nehmen. Es ist wie eine Respektlosigkeit dem Tier gegenüber, meist nur, weil wir sie mit Kraft noch halten können. Dieses Missverstehen nimmt der Beziehung die Grundlage für gegenseitiges Vertrauen.

Ein Hund ist ein Hund. Erkennen wir seine Signale, wie zum Beispiel Drohen, können wir sein Verhalten lenken.

2. DAS HAT ER JA NOCH NIE GEMACHT!

Unvermittelt packt die kleine Hündin zu. Sie erwischt ihren Menschen am Oberschenkel. Erstaunt schaut der Zweibeiner nach, ob die Hose kaputt ist, und dann wird entschieden, ob es ein Zwicken, ein Schnappen oder schon ein Beißen war. In der Vorgeschichte dieser Beziehung finden wir bei genauem Hinsehen immer wieder ein kleines Gegenhalten des Hundes, ein Sichfestmachen, eine Frontalstellung. Ein geschlossenes Maul, ein ausbleibender Lidschlag. Die Tasthaare waren häufig auf 90 Grad aufgestellt, er hat immer wieder eine Zehen-Ballen-Fußung gezeigt ebenso wie eine unbewegliche Rute. Das alles hat der zweibeinige Partner an seinem Gefährten nie erlesen können. Hätte er es gesehen und verstanden, dann hätte er dem Hund zugehört und wahrgenommen, dass dieser sich bereits seit Jahren im defensiven Drohverhalten befindet. Der Weg zum offensiven, aggressiven Drängen ist dann nicht mehr weit. Und dann kommt der berühmte Tropfen, der das Fass zum Überlaufen bringt. Der Hund schafft Tatsachen und der Mensch ist überrascht. „Das hat er ja noch nie gemacht!" Stimmt, aber er hat es seit Jahren angedroht und bereits davon gesprochen. Nicht erkanntes Drohverhalten kann schwierige Folgen haben für die Beziehung und je früher wir es erkennen und noch abwenden können, umso größer ist die Chance auf eine gesunde Beziehung. Drohverhalten gehört zum Hund dazu. Und wenn wir das nicht wahrhaben wollen, dann sollten wir lieber Koikarpfen halten. Ein Hund, der droht, ist ja noch lange kein gefährlicher Hund. Es ist einfach nur ein Hund. Es ist ein Missverstehen, das so nach und nach dem Vertrauen jede Grundlage entzieht.

3. DER HAT ANGST!

Da steht er mit hoch erhobener Rute, strammen Ohren, spuckt und speit den netten kleinen Kollegen auf der anderen Straßenseite an. Und was meinen Sie, was sagt das Frauchen? „Der hat Angst, der wurde als Welpe mal gebissen!" Dann hatte er vielleicht als Welpe Angst, aber dieses Verhalten passt gerade gar nicht zu einer Angst. Es ist verblüffend, wie häufig wir Menschen das Fehlverhalten unserer Tiere mit Angst verteidigen, anstatt es zu regulieren. Angst eignet sich für alles. Die Angst und die Geschichten aus tiefster Vergangenheit des Hundes, an die er sich schon lange nicht mehr erinnern kann. Aber sein Mensch, der weiß das alles noch ganz genau. Und weil das damals so war, muss es heute noch so sein. Das Traurige daran ist, dass der Hund somit keine Chance bekommt, ein anderes, ein entspannteres Verhalten zu erlernen. Er wird auf Angst abonniert. Er muss also diese Aggression zeigen, weil in der menschlichen Erinnerung eine Situation nicht gelöscht wurde und kein Regulativ stattfand.
In diesem Missverstehen hat vieles keine Zukunft. Auch das gegenseitige Vertrauen nicht.

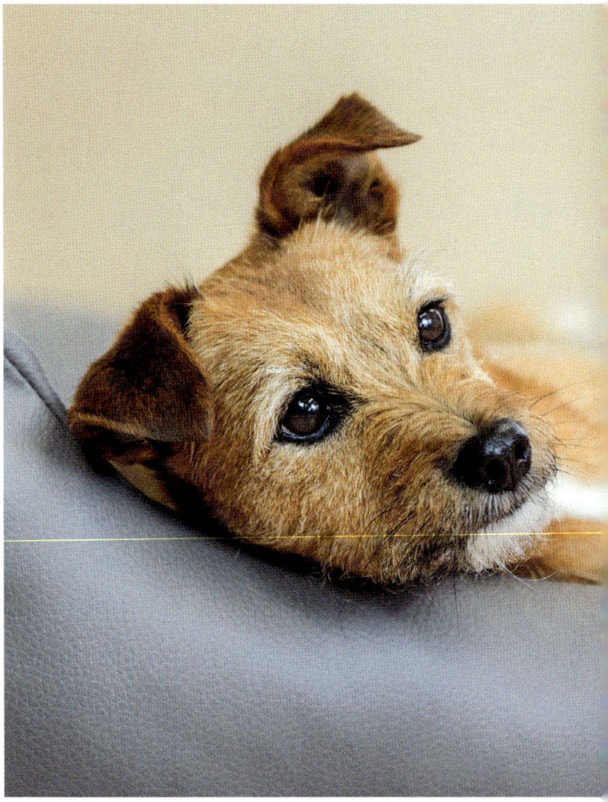

Nähe und Kontakt ist ein Grundbedürfnis für Hunde.

4. DER WILL SIE KONTROLLIEREN

In meinen Augen ist auf Rang vier der Kontrollwahn der Hunde. Der kleine Hund ist eineinhalb Jahre alt. Er wurde als Welpe in den Haushalt geholt und lebt dort als einziger Hund. Eine sehr sympathische Familie mit kleinem Haus und Garten. Auch eine Hundeschule wurde besucht. Das Haus hat zwei Stockwerke, acht Zimmer, im Flur Fliesen und an den Wänden hängen schöne Bilder. Jedes hat sich der Hund schon hundert Mal angeschaut. Morgens verlassen alle das Haus und gehen zur Schule, zur Arbeit und ins Büro. Nun ist er sechs Stunden lang allein durch alle Räume gestreift, hat aus jedem Fenster geschaut, hat Wasser getrunken, sich die Pfoten geleckt, den Pelz gepflegt und Fliegen gefangen. Er hat das Schweineohr gefuttert und dann wieder aus dem Fenster geschaut. Er weiß, wann sechs Stunden vorbei sind. Endlich kommt die Mutter nach Hause. Sie geht nach oben. Toll, dann geht er mit. Sie geht nach unten. Natürlich begleitet er sie. Sie geht ins Bad. Er will mit. Ein bindungsfähiger Hund, der es liebt, bei seinen Menschen zu sein – was gibt es Schöneres? Und dann bekommt sie gesagt: „Passen Sie auf, der will Sie kontrollieren." Keine Ahnung, wer hier das Problem hat, der Hund auf jeden Fall nicht. Ein Hund ist ein Hund. Und ein Hund ist nicht gern allein. Und während ich das schreibe, liegen auf meinen Füßen vier Hunde, die alle irgendwie versuchen, Körperkontakt zu mir zu bekommen.
Ja, Hunde können Raum und Zeit dominieren und kontrollieren. So gut wie fast kein anderer. Dann stellen sie sich stramm und mit Spannung in den Weg oder aber sie drehen und wenden ihren Menschen so, wie sie wollen. Aber das Begleiten des Hundes als kontrollieren auszulegen, ist in der Tat ein dicker Hund. Vertrauen könnte hier Vertrauen erzeugen. Misstrauen jedoch erzeugt Misstrauen.

5. DAS HABE ICH IHM NICHT GESAGT

Wir üben im Unterricht gemeinsam das Apportieren. Der Kleine Münsterländer hat sich anfangs etwas schwergetan. Er konnte sich nicht sehr lange konzentrieren. Er hat den Gegenstand immer wieder fallen lassen. Wir machen eine Pause. Während wir uns unterhalten, geht der junge Hund noch mal zu dem Dummy und nimmt ihn auf. Reflexartig zieht sein Mensch an der Leine und will das unterbinden. „Aus!" Ja, das ist schnell das Aus für Spaß und Freude, denn es ist die Löschdecke für eigene Gedanken. Erst soll er es nehmen, und dann, als er es möchte, behauptet sein Mensch, er habe es ihm nicht befohlen. Schade. Ich würde niemals einen Mitarbeiter, der frei und aus eigenen Stücken einen Besen in die Hand nimmt, davon abhalten, den Hof zu fegen. Wie schön, wenn unsere Idee zur Idee des Hundes wird, wie schade, wenn die Menschen darin einen Kontrollverlust wittern. Hier fehlt das Vertrauen in das eigene System.

Hunde wollen nicht allein sein.

Es ist schön, wenn meine Idee zu seiner wird.

6. FALSCHES LOB ZUR FALSCHEN ZEIT

Es war ein Border Collie Trial, ein Hütehundewettkampf nach englischem Muster. Zu Ende des Parcours soll die kleine Schafgruppe von dem Hund in Zusammenarbeit mit seinem Menschen eingepfercht werden. Das ist sehr knifflig und meist ein Moment voller Spannung. So auch bei dieser jungen deutschen Hundeführerin. Border Collies behüten das Vieh nicht. Sie bestehen zu hundert Prozent aus einem hochkarätigen Beutetrieb und signalisieren das auch den Schafen. Jack, ihr Hund, war ein toller Vertreter dieser Rasse und brannte für seinen Job.
Manchmal brannte er etwas zu sehr und wollte sich ein Schaf greifen. Das führte unweigerlich zur Disqualifikation und ist streng verboten. Sie wusste das, Jack nicht. Er stand also am Pferch, völlig unter Spannung. Kein Lidschlag, keine Maulaktivität, ein strammes Ohr. Er fixierte die Schafe etwas zu sehr. Sie redete auf ihn ein. In der Hütehund Szene war es populär, auf Englisch

Manchmal täuscht der erste Eindruck und man sollte sich nicht zu voreiligen Schlüssen verleiten lassen.

mit den Hunden zu sprechen, und sie lobte ihn mit „good boy". Sie lobte, dass er bislang noch nicht reingebissen hatte. Er plante einen Angriff und glaubte, sie lobe ihn für seinen großartigen Plan, den er hatte. Ja, und dann brannte er durch. Das Schaf entkam, aber der Richter läutete die Glocke zur Disqualifikation. Geflucht wurde nun auf Deutsch. Die beiden hatten schlicht aneinander vorbeigeredet. Und genau das erleben wir Hundetrainer Tag für Tag. Das lineare Denken der Hunde trifft vom Timing einfach nicht unser komplexes Denken. Hier gibt es eine große Diskrepanz, auf die wir in diesem Buch noch etliche Male stoßen werden.

Dieses Denken der Menschen erzeugt Fehlverhalten nicht nur, es manifestiert es auch. Es erzeugt Misstrauen nicht nur, es manifestiert es auch. Auf beiden Seiten. Falsches oder auch unechtes Lob macht nicht nur misstrauisch, es kann auch das fragile Gebilde des Vertrauens beschädigen.

7. DER ARME HUND

Wir waren in Wales auf der Sheep 98, einer der größten britischen Landmessen, eben im Jahre 1998. Nach dem Besuch der Messe fuhren wir noch ein wenig über Land. Nach einiger Zeit galt es, eine Pause einzulegen. So hielten wir an einem verfallenen Gehöft an, von denen es dort in der ärmlichen, ländlichen Gegend recht viele gibt. Wir wollten uns kurz die Beine vertreten, als ich in einer verfallenen Scheune in der dunkelsten Ecke etwas Weißes, Lebendiges sah. Einen Hund. Einen Border Collie. Angebunden. Neben ihm ein Blechnapf. Der Hund erblickte mich und fing sofort an zu wedeln wie verrückt. Retten! Ich muss ihn retten! Diesen Retterwahn habe ich auch bis heute nicht ablegen können. Er schien mir der Ärmste der Armen zu sein. Wie schlimm können Menschen sein, einen so wunderschönen Hund, ach egal, ob schön oder hässlich, überhaupt einen Hund hier so zurückzulassen? Der Fall war klar für mich. Das muss ein mieser Verräter, ein Schuft gewesen sein!

Ich schmiedete einen Plan, wie wir diesen Hund nach Deutschland und somit auch in Sicherheit bringen könnten. Während wir uns berieten, trat ein älterer Herr aus dem Haus. Das Haus war ebenso eine Ruine wie diese Scheune. Kein Fenster war mehr funktionstüchtig, hier und dort fehlten Scheiben. Das Dach war noch an einigen Stellen heile. Der Mann führte einen anderen Mann an der Hand. Der wirkte jünger, aber nicht sehr gesund. Er stützte ihn. Als er näher kam, erkannten wir, dass die Kleidung in einem ähnlichen Zustand war wie Haus und Scheune. Er lächelte ein unfassbar freundliches, zahnloses Lächeln und stellte sich sehr höflich vor. Wir erwiderten die Begrüßung und erzählten auf sein

Auch ein „armer" Hund wird geliebt und umsorgt.

Interesse hin, woher wir kamen und was wir machten. Er lachte gern und seine Augen blitzten voller Neugierde und Freundlichkeit unter den langen Augenbrauen leuchtend blau.

Während unseres Gespräches schielte ich immer wieder zu dem Border Collie. Der saß entspannt und freundlich wedelnd an seinem Platz und schaute unserer Unterhaltung zu. Wir erfuhren, dass es sich hier um einen Witwer handelte, der seinen behinderten Sohn betreute, dass die Schafherde nicht so wirtschaftlich sei und er seinen Sohn nicht in ein Heim geben mochte. Er erzählte es ohne Selbstmitleid, ohne diese Schwere. Er fragte uns, ob wir seine Schafe einmal sehen wollten. Stolz ging er zu seinem Hund, der mittlerweile mit dem ganzen Körper wedelte. Seine gichtgekrümmten Hände mühten sich, den Karabiner der Leine zu lösen. Der Hund tanzte um ihn herum, als ob Weihnachten sei. „Go and get them, Sam", sagte er leise. Voller Kraft sauste Sam los, hinaus in die weitläufige wunderschöne Heidelandschaft und kam nach einigen Minuten mit etwa 300 Schafen der Rasse Swaledale wieder. Alle fit, keins lahm. Als der Job erledigt war, kam Sam zu seinem Menschen und drückte seinen Kopf in seine Hand. Danach legte er sich auf die Füße des Sohnes, was diesem ein Lächeln ins Gesicht zauberte.

Das war ergreifend, berührend, und beschämend zugleich, denn es war kein armer Hund. Es war das Spiel mit den Wirklichkeiten, welches uns Menschen schnell auf emotionale Irrwege bringt. Dieser Mann hat mit seinem Hund alles geteilt, was er hatte. Auch sein Herz.

Wie schnell urteilen wir, ohne verstanden zu haben, fassen voreilig Beschlüsse und legen unsere Wahrheit als Maßstab fest. Wie schnell missverstehen wir einfach nur, weil wir nicht aus unserer eigenen Welt heraustreten wollen. Es war mir eine Lektion. Mitleid kann ein schlechter Ratgeber sein. Ein Missverständnis, das die Demut als Wächter des Vertrauens ernennt.

Das Leben der Schäfer in den Waliser Bergregionen ist kein leichtes Leben.

8. DAS SCHLECHTE GEWISSEN

Olfaktorische Kommunikation ist der Teil an Informationen, der über Geruchspartikel transportiert wird. Und Hunde haben eine extrem gute Nase. Während wir knapp Blumenkohl von Brokkoli unterscheiden können, können Hunde z. B. Tumorzellen erschnüffeln. Nicht im medizinischen Bereich entsprungen, gibt es die Redewendung „Jemanden nicht gut riechen können". Das ist der Moment, in dem Ihr Körper geruchliche Signale des anderen aufnimmt, die eine Abwehr in Ihnen erzeugen. Wir Menschen haben einen recht intensiven und sehr wechselnden Körpergeruch. „Hier riecht es nach Ärger" ist nicht nur ein Sprichwort, sondern eine Tatsache. Der Hund des jungen Mannes sollte so früh wie möglich ohne Leine laufen. Ein Mischling aus dem Tierheim. Gut verstanden sich die beiden und lebten nun schon einige Jahre zusammen. Wäre da nicht dieses Wildproblem, könnte man meinen, es sei eine Vorzeige-Mensch-Hund-Beziehung.
Und schon wieder ist es passiert: Blitzschnell bog der junge Rüde in das Getreidefeld ab und war weg. Aus Erfahrung wusste der Mann, dass er hier nun nicht warten musste. Er ging nach Hause. Er war sauer, stinksauer. Nach erfolgloser Jagd kam nun auch der Vierbeiner heim. Der Bewegungsmelder verriet dem jungen Hundebesitzer, dass er zur Haustür kommen sollte. Er kochte vor Wut, fühlte er sich doch in seiner Großzügigkeit persönlich getroffen und hintergangen.
So froh war der Hund, wieder zu Hause zu sein, hatte er jetzt einen riesen Hunger. Aber Stopp! Unter dem Türschlitz drang ein übler Geruch hindurch. Er begann devot zu werden, um die Laune seines Menschen zu besänftigen. Manchmal haben

Wildern ist ein Kontrollverlust des Menschen. Es ist gefährlich, zerstört das Vertrauen und die Beziehung…

Menschen diese Launen, da hilft das schon mal. Der junge Mann öffnete die Tür und schimpfte seinen Hund aus: „Jetzt hast du ein schlechtes Gewissen, du böser Hund!" Fakt aber ist, dass der Hund die Jagd genossen hat, auch wenn wir alle nicht wollen, dass das so ist, und fröhlich heimkam. Er hat gar kein schlechtes Gewissen, sondern einfach nur eine gute Nase. Denn er handelt nicht vorsätzlich gewissenlos, um seinen Menschen zu ärgern. Er war nicht unter Kontrolle. Der Hund hat mit dem Kontrollverlust ja kein Problem. Das Problem ist ganz auf der Seite des Menschen. Zudem entdecken wir einen temporären Konflikt. Der Ärger des Menschen bezieht sich auf das eben Gewesene. Die Reaktion des Hundes auf die aktuellen Ausdünstungen des Menschen. Er bringt das nicht mit dem Vergangenem in Verbindung. Solch ein Konflikt erstickt die Flamme des Vertrauens.

Der Mensch ist für die Kontrolle verantwortlich.

9. DAS MANIPULATIVE MISSVERSTEHEN

Hunde lügen nicht. Das ist gewiss so. Aber manipulieren tun sie uns zu gerne.
Es war sein größtes Abenteuer, die Reise nach Südafrika. An diesem Morgen sollte es auf eine Wandertour gehen. Es war heiß. Bepackt mit einem schönen Lunchpaket zog der junge Mann los. Auf einer einsamen, langen Landstraße in sengender Hitze kam ihm plötzlich ein Border Collie entgegen. Auf drei Beinen. „Der arme Hund", dachte er und zog sogleich sein leckeres Butterbrot aus der Tasche und reichte es besorgt dem armen, aber zutraulichen Hund, der es gierig und selbstverständlich entgegennahm. Daraufhin lief er auf vier Beinen davon.
Es ist ein weiterer Beweis dafür, dass Hunde unser Handeln durchschauen, Überlebensstrategien entwickeln können, die unser Verhalten manipulieren. Manchmal fallen wir Menschen gerne auf die listigen Tricks unserer Hunde rein. Wenn wir in unseren Hund Vertrauen haben, dann auch in seine Intelligenz, seine List und seinen Witz. Andersherum funktioniert das allerdings nicht so gut. Wir können Hunde nicht so gut beschwindeln, denn Hunde nehmen uns immer mit allen Sinnen wahr. Während wir ihm etwas von „Ist schon gut, nun komm schon her, braver Hund, na komm schon", erzählen, riecht der Hund unsere Enttäuschung oder Wut und wird einen Teufel tun, zu uns zu kommen, während unser Puls noch rast. Das Vertrauen unserer Hunde müssen wir uns erarbeiten. Besonders durch Glaubwürdigkeit. Das gilt auch andersherum.

10. DIE KUNST DER PASSIVIERUNG

Passivieren oder die große Güte des Menschen. Er heißt Gregor, sie Katinka. Er wiegt 8 kg, sie 60 kg. Sie leben schon seit Jahren zusammen und sie würde alles für ihren Parson Russell Terrier tun. Er begleitet sie überallhin. Und man kann unschwer erkennen, dass sie echt verliebt ist in diesen charmanten kleinen Kerl. Ihr Herz hat er in jedem Fall erobert.

Auch in Reizlagen gilt es, den Hund zu überzeugen …

… und räumlich zu orientieren.

Nun begannen wir die erste Unterrichtsstunde und sie wollte Gregor zu sich rufen. Seine Sinne waren bei meiner Lieblingskatze. Er war im Funkloch. Sogleich rief sie ihn noch mal. Er blickte kurz über die Schulter und dann wieder weg. Beim dritten Mal kam er ohne Blickkontakt einen halben Meter auf sie zu. Sogleich setzte sie sich in Bewegung, schloss die übrig gebliebene Lücke und hockte sich hin und lobte ihn. Danach der an dieser Stelle fast schüchterne Blick zu mir, ob ich damit einverstanden sei. Ich muss lachen, denn es freut mich immer wieder, Menschen mit dieser Güte zu treffen, weiß aber, dass sie sich genau damit ihr eigenes Bein stellen, über das sie jedes Mal stolpern werden. Es ist nicht so einfach, Katinka zu überzeugen, dass etwas mehr Standhaftigkeit, ein anderes räumliches Denken ausreichen, um etwas mehr Kooperation des Hundes zu erlangen. Am Ende ist nicht der Hund zum Menschen gekommen, sondern der Mensch zum Hund. Hunde sind echte Experten, was die räumliche Sprache betrifft, und regeln das „Wer-bewegt-wen?" häufig in vielen kleinen Details. Wenn wir wollen, dass der Hund für uns aktiv wird, dann sollten wir grundsätzlich dafür sorgen, dass er immer etwas mehr Kalorien verbraucht als wir.

Sehr häufig übernehmen wir Menschen, besonders innerhalb der räumlichen Sprache, den Löwenanteil, damit das Außenbild stimmt. Leider verlieren wir in diesem Zusammenhang den Überblick über die Echtheit der Situation. Am Ende stehen Mensch und Hund zusammen, wie es dazu kam, danach fragt ja keiner.

SPIEL DOCH!

Dieses Prinzip der Passivierung findet auch in dieser Beziehung statt. Sie will mit ihm spielen und beginnt herumzusausen. Er stellt sich in die Mitte, dreht sich gerne in ihre Richtung und beobachtet wohlwollend ihre Lauffreude. Nach wenigen Minuten nimmt sie den Schal ab und öffnet die Jacke. Ihr wird es warm. Er wedelt, und schon läuft sie weiter. Es ist so ein unfassbar faszinierendes Schauspiel, denn wie schaffen diese 8 kg Persönlichkeit es absolut ohne Aufwand, dass sich 60-kg-Zweibeiner so abrackern? Ich grinse und äußere: „Als ob er sagen wollte: Wenn Menschen spielen, sind sie gesund!" Wir müssen beide lachen! Und genau das ist ihr Vermögen. Sie kann über sich selbst, über ihre Fehler und die daraus resultierende ernüchternde Erkenntnis herzhaft lachen. Und mit diesem Vermögen wird sie auch diesen Hund von sich überzeugen. Nachdem sie das Prinzip der Aktivierung verstanden hat und ihn dazu bringt, mehr Kalorien zu verbrauchen als sie.

DAS GLÜCK, DAS VERSTEHEN MIT SICH BRINGT

Dies sind einige wenige große Missverständnisse, denen jedoch unzählige weitere folgen. Betrachten wir den menschlichen Sprachgebrauch, dann hat jeder von uns bereits am eigenen Leib erfahren, wie schnell es zu Missverständnissen kommen kann, selbst wenn wir der gleichen Gattung angehören, dieselbe Sprache sprechen und sogar aus ein und derselben Familie stammen.

So ist Missverstehen leicht, es passiert, weil Raum und Zeit im Sprachgebrauch unterschiedlich sind, es passiert, weil die Wirklichkeiten der Sprechenden nicht identisch sein können. Es nagt an den Pfeilern des Vertrauens und kann dieses sensitive Gebilde, welches Freundschaft, Liebe und Glück tragen kann, zum Wanken bringen.

Verstehen jedoch ist ein Glück. Denken Sie einmal an einen Moment, in dem Sie sich verstanden gefühlt haben. Das war gewiss ein besonderer Moment in Ihrem Leben. Es ist ein Gefühl, das einen wunderbaren Nährboden für Vertrauen darstellt. Die Tiere ringen darum, verstanden zu werden, vertrauen zu können. Das Bindungssystem will wachsen und stark sein. Und es liegt an uns, die wir die Tiere in unsere Obhut nehmen, ob wir es stärken und Vertrauen erwirken oder nicht. Viele Tiere leben isoliert von Artgenossen. Ich stelle mir dann immer vor, ich wäre der einzige Mensch in einer Horde Elefanten. Ein spannendes Bild. Und nun würde ich, außer dass ich gerne überleben würde, natürlich die Dickhäuter auch irgendwie einschätzen können. Ich würde gerne erfahren, was ihre Laute und Gesten bedeuten. Ebenso würde ich gerne in meiner Art der Kommunikation verstanden werden. Der Wunsch, mit der Situation, der man ausgeliefert ist, klarzukommen, ist gut nachvollziehbar. Demnach ist der Weg in eine reibungslose Kommunikation automatisch der Weg ins gemeinsame Glück.

Gelungene Kommunikation ist ein wesentlicher Bestandteil für gegenseitiges Vertrauen.

WARUM MISSVERSTÄNDNISSE MIT HUND ENTSTEHEN

Er gilt als der beste Freund des Menschen. Und das hat Gründe. Er hört ihnen zu, redet nicht dazwischen, bringt Lebendigkeit in den Alltag. Er strukturiert, diszipliniert, reguliert und liebt uns. Er ist geduldig, hat Humor und gibt uns Nähe. Er flickt unser verletztes Bindungssystem und erweitert unseren Horizont. Ein guter Hund ist ein allerbester Freund!
Aber warum trifft man auf der Straße so viele konfliktgeprägte Beziehungen mit sechs Beinen? Warum werden Hunde an Autobahnen angebunden, ausgesetzt und verstoßen? Warum hauen sich die Menschen auf der Suche nach der besten Methode die Köpfe ein und warum ist es so schwer, einen Hund einfach als Hund zu verstehen? Meist treten wir Menschen mit großen Visionen und Erwartungen an den Hund heran, ohne uns tatsächlich darüber im Klaren zu sein. Ja, da denken Sie, Sie wollen einfach nur einen Hund, um ein bisschen spazieren zu gehen. Das soll doch wohl gehen. Das ist, als wolle jemand bei mir ein Pferd kaufen, nur fürs Gelände. „Der muss nicht viel können." Meine Hände schlagen jedes Mal reflexartig über meinem Kopf zusammen. Nur spazieren gehen, nur ausreiten. Das ist die hohe Schule! Einen Hund zu haben, der frei bei seinem Menschen bleibt, sich in jeder Reizlage mit Leichtigkeit abrufen lässt, der leinenführig, friedlich und stets ansprechbar ist? Das ist das Endziel einer tiefgründigen, liebevollen Ausbildung. Die Tricks sind einfach, die Grundausbildung, die Erziehung, die Struktur der inneren Haltung hingegen ist etwas aufwendiger. Es braucht etwas Auseinandersetzung mit der Kreatur, mit dem Charakter, mit der Sprache.

ZURÜCK ZUR MUTTERSPRACHE

Am Ende ist es die Sprache, in all ihren unterschiedlichen Facetten, die zu Missverstehen führt. Es ist das buchstäbliche Aneinandervorbeireden, welches Vertrauen zerstört. Schade ist es in meinen Augen, dass wir Menschen, die wir so intelligent sind, oft nicht den Weg zurück zur archaischen Sprache, zum linearen Denken und räumlichen Sehen finden wollen. Es ist so einfach, und jeder von uns kann es lernen. Aber unser kompliziertes, komplexes Denken in Werten und Normen, in Gut und Böse, Richtig und Falsch, unsere wertende Natur, die schwankt zwischen Bestechen, Verführen und Überwinden, findet manchmal den Weg zur schlichten und ehrlichen Kreatur Hund nicht zurück. Es ist, als könnten die Hunde uns zu dieser archaischen Sprache zurückführen, fast wie zu einer Muttersprache. Das Spiel mit den Wirklichkeiten, die interpretative Analyse, das Gutdenken und die fehlende Spur verhindern, dass wir das Tier fördern, for-

Der Hund ist dir im Sturme treu,
der Mensch nicht mal im Winde.

Der Hund ist ein Bindungsexperte und bringt besondere Werte in jede Beziehung.

dern und formen. Es verhindert, dass wir dem Tier ein Regulativ sind, voller Disziplin und Liebe. Zwischenmenschliche Beziehungen eignen sich bereits für manifeste Missverständnisse. Aber wir haben die Möglichkeit, diese durch klärende Gespräche aus dem Weg zu räumen. Beim Hund verhält es sich etwas anders. Er kann uns nur schwerlich aus eigener Kraft davon überzeugen, dass wir mit unseren Unterstellungen auf dem Holzweg sind. Das müssen wir allein herausfinden. Und meistens sind wir Menschen erst bemüht, etwas zu verändern, wenn die Beziehung ins Wanken gerät. Viele Menschen suchen sich erst Hilfe, wenn das Leben mit dem Hund an Leichtigkeit verloren hat. Hätte man den Hund gefragt, dann hätte er seinen Menschen vielleicht schon viel eher zu einer guten Kommunikationsschulung geschickt. Wer weiß?

Für den Hund bedeutet es lebenslänglich, wenn Verstehen zu Missverstehen, wenn aus Vertrauen Misstrauen wird. Er kann nicht kündigen, umschulen oder Urlaub machen. Er ist dem ausgeliefert.

Das Leben ist zu kurz, um es einem Missverständnis zu überlassen.

VERTRAUEN FÜR VERTRAUEN SCHENKEN

In diesem Buch haben Sie eine ganz besondere Chance. Sie können sehr praxisnah das Training vieler verschiedener Teams begleiten. Ganz nah an der jeweiligen Thematik, sehr dicht im Dialog, sehr konkret an den Problemen. Mit diesem Gewinn können Sie sich auf den Weg machen und Ihre eigenen Fragen zu Ihrem besten Freund auf vier Pfoten beantworten.

VERTRAUEN IST KEINE EINBAHNSTRASSE

Es ist die Grundlage für gesunde und liebevolle Beziehungen, die eine Gleichberechtigung, einen respektvollen Umgang pflegen. Es ist mühsam aufgebaut und schnell zerstört. Vor allem braucht es Zeit und Geduld. Es braucht Management und Überblick. Und was dabei rauskommt, das sehen Sie dann selbst.

WERDEN WIR KONKRET

Nun nehme ich Sie mit in die Geschichte eines jungen Hundes aus einem Tierheim und seinem neuen Menschen. Peke, so sollte er heißen. Ein kleiner Mischling, der das Licht der Welt in einem Tierheim erblickte. Es war schon seit Langem Suzannes Wunsch, einen Nachwuchshund aufzunehmen, der in die Fußstapfen ihres älteren Hundes Carlo treten sollte. Klein, schwarz-braun, mit Kippohren. Ein fröhlicher und sehr lebendiger kleiner Bursche im Alter von sieben Monaten. Der Anfang mit diesem kleinen Wirbelwind war nicht ganz reibungslos. Er bestand vornehmlich aus Drängen/Bedrängen in jeder Facette. Er wollte alles gleichzeitig. Er drängelte zu anderen Hunden, er sprang sie an und im nächsten Moment verbellte er lauthals fremde Menschen. Kam eine Kritik, dann knickte er ein, wurde devot und begann zu klemmen. Er konnte so fest und steif werden, als wäre er ausgestopft.

Suzanne und Peke stehen am Anfang ihrer Freundschaft.

Bindungstraining, Spiel, Liebe, Management, ...

Sein Bindungssystem war nicht optimal entwickelt. Wie auch? Es ist einfach nicht möglich, die Sozialisation (Gewöhnung an belebte Umweltreize) und die Habituation (Gewöhnung an unbelebte Umweltreize) in einem Tierheim so zu optimieren, wie es Peke gebraucht hätte. Nun aber soll alles anders werden, denn er hat einen Sechser im Lotto und ist bei Suzanne gelandet.

Dem Hund eine Heimat werden

Im ersten gemeinsamen Training schmiedeten wir einen Plan für ihn, um eine bestmögliche Struktur in den Alltag und in seine Entwicklung zu bringen. Es war schnell klar, dass dieser Hund zunächst nicht von der Leine gelassen werden sollte. Peke musste erst einmal erfahren, dass dieser Mensch nun sein Zuhause ist. Die Leine, egal ob drinnen oder draußen, stellte seine Heimat dar und war ihm eine sichere Grenze. Er war schnell aus seiner Komfortzone zu bringen, innerlich schlecht ausbalanciert, was sich durch seine sehr wechselhaften Reaktionen darstellte. Altersbedingt konnte man auch mit der Pubertät rechnen, die mit dem Wechsel der Heimat zusammenkam. Da kann man schon mal aus dem Gleichgewicht geraten. Die Leine konnte ihm den Raum begrenzen und Orientierung zu Suzanne geben.

Das Vertrauen erarbeiten

Wir übten an der Lobbarkeit. Wir übten das körperbezogene Spiel. Wir vermieden jede Art der Reizüberflutung und gaben ihm einen sicheren Rahmen, den er geistig erfassen konnte. Die ersten Monate vergingen damit, das Bindungssystem zu stärken und zu stabilisieren. Das Misstrauen, das er fremden Menschen gegenüber durch heftiges Ankläffen, Drohverhalten und Versteifen zeigte, wich mehr und mehr einer Neugierde und der eigenen Idee, zu fremden Menschen zu gehen und sie zu begrüßen. Dies erreichten wir mit dem Jo-Jo-Effekt (siehe Seite 124) im Begrüßungsritual und mit dem geregelten „Bring zu" von Gegenständen, bei dem der Auftrag, einen Gegenstand zu transportieren, die Scheu und Unsicherheit in den Hintergrund treten ließ.
Suzanne hatte diese Zeit und den Überblick und konnte dem Wachstum des Bindungssystem einen guten Rahmen geben. Es ging nicht darum, dass dieser Hund nun in kürzester Zeit „Sitz", „Platz" und „Fuß" erlernte. Er wurde nicht auf der Hundespielwiese ausgesetzt und nicht in Situationen, die ein Übermaß an Reizen in sich bargen, gebracht. Überschaubar war sein Radius und klar sein Management. Suzanne gab ihm einen klaren Tagesablauf, einen stabilen Rhythmus und

005 Zum Film: Suzanne und Peke

... und eine geregelte Ausbildung sind die Grundlage ...

... einer stabilen Beziehung mit zehn Füßen.

Glückspilze wachsen nicht im Wald, sondern in unseren Händen.

vermied unvorhersehbare Situationen, in denen er aus der Kontrolle geriet. Es waren viele Details, denen sie sich gewidmet hat:

- das Ein- und Aussteigen aus dem Auto, bei welchem er schnell lernen sollte zu warten,
- der regulierbare Kontakt zu dem älteren Hund, bei dem schnell klar wurde, dass Peke ständig versuchte, den Raum zu dominieren, und sich mit Vorliebe zwischen Suzanne und den Senior Carlo drängelte,
- das Spielverhalten, welches sehr eigenständig und wenig interaktiv war,
- sowie die Akzeptanz der Hilfen (siehe Werkzeuge der HarmoniLogie Seite 94 ff.).

Die Leistungskurve in Pekes Kopf war noch gering, er konnte sich nicht lange konzentrieren. Er konnte zu Beginn des Trainings ein paar Minuten gut mitarbeiten, doch dann knatschte er nur noch auf den Gegenständen herum, verlor die Orientierung, schaute ständig nach außen und hörte auf zu lachen. Doch das war uns das Wichtigste, dass dieser kleine Kerl aufrecht und fröhlich werden sollte. Wir begannen mit dem Bindungstraining. Jedes noch so kleine Bindungsangebot des Hundes wurde für ein Lob genutzt, interaktives Spiel und soziale Fellpflege stabilisierten den kleinen Mann in seinem Bestreben, sich seinem Menschen anzuschließen. Schon bald ging es mit dem Sportprogramm los. Eine frühe sportliche Erziehung war für diesen Laufhund von hoher Bedeutung. Also begannen wir bald mit dem Fahrradtraining. Anfangs nur circa drei Kilometer bei neun Stundenkilometern, je fitter er wurde, umso mehr wurde die Laufstrecke ausgebaut. Erst als er einjährig und vollends ausgewachsen war, baute Suzanne auch geregelte Galoppstrecken ein. Ein supersportlicher, ausgelasteter Hund mit einem richtig bemuskelten ,athletischen Körper ging aus diesem Training hervor.

Es gab Höhen und Tiefen

Zweifel machten sich breit, als er in die erste pubertäre Phase rutschte. Zweifel, ob es der richtige Hund sei, ob er in die Lebenssituation passte und ob es den älteren Hund nicht doch überfordere, so einen Wirbelwind um sich zu haben. Carlo zog sich mehr und mehr zurück. Also mussten wir nicht nur Pekes Tag managen, sondern auch die Freiräume für den alten Herrn organisieren, damit dieser nicht zu kurz kam. Das Lernen stagnierte für fast vier Wochen, als Peke auf den 10. Lebensmonat zusteuerte. Es sind normale Veränderungen im Leben eines Hundes, Höhen und Tiefen gehören dazu. Der Mensch muss es schaffen, diese kleinen Täler zu durchlaufen und seinem Hund treu zu bleiben. Dennoch ist es ein schmaler Grat, bis sich zwei Herzen uneingeschränkt verbünden. Auch der Mensch sollte lernen, zunächst einen emotionalen Abstand zu halten. Ich sage dann immer: „Siezen Sie Ihren Hund ruhig in der ersten Zeit. So, wie man es mit einem Auszubildenden in einem Betrieb auch machen würde. Für das Du sollte man sich bewusst entscheiden." Diese emotionale Distanz verschafft einem einen besseren Überblick, auch wenn die Beziehung nicht nur wächst, sondern auch mal schwieriger wird.

Herr Peke, der Bindungsexperte

Zunächst machten wir kleine Bindungsübungen im Rahmen der Leine. Suzanne ging einen Schritt von Peke weg und wartete, bis er aufgeschlossen hatte. Das nahm sie zum Anlass, um ihn zu loben und zu spielen. Außerdem konzentrierte sie sich sehr darauf, all die kleinen Bindungsangebote und Komplimente ihres Hundes wahrzunehmen und mit Lob und Zuneigung zu bestätigen. Diese Momente erkennen Sie an dem Blickkontakt, den Ihr Hund aus eigenen Stücken sucht. Jedes Mal, wenn Ihr kleiner Freund Sie anschaut, wenden Sie sich ihm zu und loben ihn dafür.
Wir versteckten Suzanne in der großen Reithalle und brachten den jungen Hund hinein. Er konnte nicht wissen, wo sie war. Alles in ihm erstarb. Er schaute sich um, setzte sich auf seine vier Buchstaben und fror ein. Sein Mensch war weg, das führte zu einer totalen Passivität. Mit viel Unterstützung machte er sich nach endlos langen Minuten auf den Weg und er hat sie gefunden. Was für eine Energie da frei wurde war unglaublich. Es wurde ihm klar, dass er ohne Suzanne nicht sein wollte, und er lernte sehr schnell alle Tricks und Kniffe, um sie wiederzufinden.

Mit Peke per Du

Drei Wochen später arbeiteten wir an derselben Übung. Suzanne ist weg. Mit allen Sinnen, unbeirrt und superschlau erarbeitete er sich den Weg zu ihr, egal, wie schwierig die Aufgabe war. Das ließ beide wachsen. Sie entschieden sich nicht nur für das Du, die Partnerschaft bekam eine besondere Tiefe.
Nun ist er zweijährig und ein ganzes Stück gewachsen, damit sein Körper um sein großes Herz passt. In diesem Herzen wohnen viele Menschen, aber vor allem Suzanne. Das Bindungssystem ist repariert, geheilt und stark geworden. Vertrauen für Vertrauen schenken ist ein Prozess, ein Weg, den diese kleine Liebesgeschichte beschreibt. Es lohnt sich, gründlich und mit System an den Basics zu arbeiten und die Seele sowie den Leib zu gesunden. Dann wird das Lernen leicht. Glückspilze wachsen nicht im Wald, sondern in unseren Händen.
Schauen Sie auf Ihren Hund. An welcher Stelle können Sie einsteigen, um aus ihm einen Glückspilz zu machen? Wo möchten Sie anfangen? Beginnen wir mit einem guten Management, indem Sie Ihren Tag und den des Hundes organisieren. Vermeiden Sie alles, was sich bisher als schwierig dargestellt hat, und verstärken Sie die Momente, die gut, leicht und unkompliziert waren. Geben Sie sich, dem Hund und dem Bindungssystem Zeit. Und nun beginnen Sie, die Sprache des Hundes zu erlernen und die eigene Sprache zu sortieren. Denn nur, wenn die Sprache und das Zuhören funktionieren, ist eine reibungslose Verständigung möglich. Dann entsteht Vertrauen.

KOMMUNIKATION

— *Die Kunst der Verständigung*

VERSTEHEN, VERSTÄNDIGEN, VERTRAUEN

DIE SINFONIE DER SPRACHEN

Unerschöpflich, faszinierend, facettenreich: die Sprache. Die Notwendigkeit, sich mitzuteilen, der Wunsch, sich auszutauschen, das Bedürfnis, zu erfahren, haben viele unterschiedliche Kommunikationswege als Werkzeug genommen und zu einer immensen Vielfalt entwickelt. Im Umgang mit dem Tier jedoch können wir sie reduzieren, sortieren und gezielt einsetzen. Je reduzierter wir die Sprache gestalten, desto unverfälschter werden die Informationen transportiert und umso leichter werden sie verstanden.

SPRACHE ALS NAVIGATION AUF DEM WEG ZUM GLÜCK

In der HarmoniLogie bauen wir einen kommunikativen Weg zu unserem Hund auf. Es gibt verschiedene Wege des Informationsaustauschs und es gibt viele Transportmittel der Sprache. Viele sind uns nicht bewusst, etliche können wir weder erfassen noch beeinflussen. Da kann es sein, dass Ihr Körper sich einfach einmal verplappert, weil er einen Geruch verströmt, der leider nicht zu Ihren Worten passt. Das wäre eine olfaktorische Mitteilung, die in Diskrepanz zu oder auch in Übereinstimmung mit anderen Signalen des Körpers oder der gesprochenen Sprache stehen kann (siehe Seite 52 Missverständnis).
Oder die Oberflächenspannung Ihrer Haut erzeugt eine Energie, die als Vibration beim Empfänger, dem Hund, ankommt und ihm die Informationen gibt, die Sie ihm lieber verschweigen wollten. Hunde können so feine Sinne haben, dass sie einen drohenden epileptischen Anfall erkennen und davor warnen können, bevor die Vorzeichen für den Betroffenen wahrnehmbar sind. All das sind Beispiele subtiler, nicht sprachlicher Mitteilungen, die von uns nicht beeinflusst werden können, aber von unserem Gegenüber wahrgenommen werden, insbesondere mit der feinen Wahrnehmung eines Hundes.

DIE DREIDIMENSIONALE SPRACHE

Vornehmlich benutzen wir drei verschiedene Arten der Sprache, die im besten Falle alle dieselbe Information transportieren. Die **räumliche**, die **leibliche** und die **akustische**. Diese drei Arten wirken gemeinsam wie eine **dreidimensionale Sprache**. Wir können durch das Zusammenspiel dieser drei Aspekte für das Tier einfache und verständliche Informationen transportieren. Dabei verlassen wir innerhalb des Dialoges unser komplexes Denken, und betreten die Ebene des linearen Denkens (siehe Seite 15).

Es ist die Eindeutigkeit, die Vertrauen schafft.

Sprich leise, denn er hört dir zu.

Die HarmoniLogie schult somit nicht nur das Sprechen. Sie schult besonders das Zuhören, und hiermit ist das Erkennen, das Beobachten, also das Lesen der Signale, die der Hund uns gibt, gemeint. Dieses Zuhören lässt unsere Ich-Emotionen außen vor. Es geht bei dieser Art der Arbeit nicht darum, was Sie als Zuhörer glauben, was das Tier mitteilen will, was es fühlt oder denkt. Dann würden Sie ja dem Tier Ihren Neokortex ausleihen (siehe Seite 15). Das geht nicht.
Das Tier hat eigene Gedanken und Gefühle und eigene Kommunikationswege. Tiere kommunizieren in erster Linie räumlich. Sie erkennen den Raum, die Grenzen und Zonen und berechnen Wege. Wege, um an ihr Objekt der Begierde zu gelangen, Fluchtwege, Wege, um das Gegenüber zu kontrollieren, Angriffs- und Verteidigungszonen. Sie sind wahre Meister darin.
Körperspannung oder Entspannung, Winkelung und Stellung ihrer Achse, Benutzen der Muskelpartien, Mimik, Gestik, Lidschlag, Ohren, Atmung sowie ein geringes Repertoire an Lauten. Wir werden diese in diesem Buch an vielen praktischen Beispielen gemeinsam lesen.
Zuletzt verwenden sie akustische Signale. Sie haben eine Vielzahl an Tönen, die aber niemals allein eine Aussage treffen. Die Laute transportieren immer im Zusammenhang mit dem Körper, seiner Spannung und Stellung eine einheitliche Information. Auch wenn Sie einen kleinen Kläffer zu Hause haben sollten, ist die akustische Sprache, das Senden von Informationen rein über Lautgebung, bei Tieren der geringste Anteil. Und die meisten Kläffer befinden sich in ihrem Text meistens in einer Dauerschleife.

DIE MUTTERSPRACHE DER NATUR

Es gibt natürliche Grundmuster des Informationsaustausches, die zwischen unterschiedlichen Gattungen funktionieren. Wir nennen es die Muttersprache der Natur. Diese Grundmuster beziehen sich auf drei verschiedene Aspekte der Sprache, die bei allen Tieren gleich sind. Wir Menschen benutzen diese drei Aspekte der Sprache ebenso, auch gerne, um nur eine Information zu transportieren. Definiert werden diese drei Sprachen als:

die räumliche, z. B. wie positionieren Sie sich zu Ihrem Gesprächspartner, welche Bewegungsintention ist in Ihrem Körper wann sichtbar,

die leibliche, das betrifft unter anderem die Gestik, Körperspannung und Mimik sowie die emotional motivierten Signale Ihres Körpers, die u. a. durch das vegetative Nervensystem transportiert werden.

die akustische, jede Form der Lautgebung, egal ob grunzen, schnauben, quietschen, bellen, knurren, atmen, hecheln und im menschlichen Bereich reden, prusten, schnalzen, sich räuspern, pfeifen, zischen oder sprechen.

Es ist wunderbar, wenn alle drei Aspekte dasselbe aussagen. Damit ist die Verständlichkeit der Information für das Gegenüber bestmöglich gewährleistet. Diese drei Sprachen wirken wie eine dreidimensionale Sprache.

DIE SPRACHE ALS NATURGESETZ

Es spielt keine Rolle, welchen Hund Sie haben, was Sie mit ihm machen wollen oder auch, welcher Mensch Sie sind. Die Symbiose mit dem Hund können wir nur erfolgreich eingehen, wenn wir unseren Sprachgebrauch reduzieren und bereinigen. Dann haben wir die Möglichkeit, den Hund für uns zu begeistern, von uns zu überzeugen und für uns zu gewinnen. Wie Sie bereits wissen, ist die kognitive Fähigkeit eines Hundes vergleichbar

mit der eines sechsjährigen Kindes. Da ist schon allerhand an Verständigung möglich.
Bislang wurden etliche Wege der Hundeschule erfunden und gelehrt, die jedoch meistens das menschliche Denken und Sprechen als Grundlage für die Kommunikation verwendet haben. Als Grundlage dienen psychologische Studien aus menschlicher Sicht oder sie stammen direkt aus der menschlichen Psychologie.
Tiere kommunizieren schon immer miteinander. Innerartlich sowie zwischenartlich. Der Dialog unterliegt Naturgesetzen, die wir einfach nur anschauen und umsetzen müssen. In der Schulung der Hund-Mensch-Teams entsteht immer wieder der Eindruck, dass der Hund uns schulen kann. Er zeigt uns, wie wir zurück zur Muttersprache der Natur finden.

DIE SPRACHHYGIENE

Der Begriff Sprachhygiene klingt sauber und soll uns auch das signalisieren: einen sauberen Umgang mit der dreidimensionalen Sprache – überlegt, aufgeräumt und eindeutig. Damit ist gemeint, dass die Signale, die wir senden, ein und dieselbe Aussage treffen. Das können Sie sich wie in einem Orchester vorstellen, in dem alle Beteiligten dasselbe Stück spielen, denselben Rhythmus haben und auch dieselbe Tonlage treffen, damit am Ende eine wohlklingende Musik erzeugt wird, die man sich gerne anhört. Zu dem Orchester gehört der Dirigent. Bei ihm laufen die Fäden zusammen, er leitet das Orchester und führt gezielt durch das Stück. Diese Rolle bekleiden Sie in Bezug auf Ihren Hund. Als Dirigent sollten Sie Ihr Handwerk verstehen. Und genau das kann man lernen.

So lädt man den Hund ein: Raum geben, Winkel brechen, den Namen freundlich und leise sagen.

DAS VERTRAUENSGESCHENK

Zunächst schenken die kleinen Hunde uns ihr Vertrauen. Sie haben auch selten eine andere Wahl. Es ist eine Kostbarkeit, die sie in ihren kleinen Pfoten halten und uns entgegenbringen. Sensibel und achtsam sollte unser Umgang mit dem Grundvertrauen der Hunde sein. Schnell kann man es zerstören und muss es langwierig wieder aufbauen oder reparieren.

Vertrauen entsteht durch Berechenbarkeit, Glaubwürdigkeit und Konsequenz. Es ist nicht die Nachgiebigkeit, die Vertrauen schafft, es ist die Verlässlichkeit. Eine liebevolle Disziplin möchte ich es nennen. Ein disziplinierter Umgang mit den kommunikativen Wegen ist unerlässlich, um dieses geschenkte Vertrauen zu erhalten.

DIE SPRACHE IN EINZELTEILE ZERLEGEN

Lernen Sie am eigenen Leib, Ihre eigene Sprache in einzelne Teile zu zerlegen. Lernen Sie, diese so wieder zusammenzufügen, dass sie dieselbe Aussage trifft, und freuen Sie sich auf die Reaktion Ihres Hundes. Der Sprachkurs der Natur hat einfache und klare Gesetze, die von den Tieren und Menschen gleichermaßen verstanden werden. Nur wir Menschen habe diese Gesetze beim Whatsapp-Schreiben ein wenig verlernt. Aber tief in uns, ganz archaisch, ruht es noch, das Wissen und das Verständnis für diese Muttersprache aller Geschöpfe.

EIN SPANNENDER, WUNDERBARER WEG

Wie eine Glückpilz-Factory können auch Sie das Vertrauen Ihres Hundes erobern, für sich entscheiden, dem Hund ein Zuhause zu sein und klar und eindeutig verstanden zu werden. Hier lernen Sie ein System, mit dem wir Menschen gezielt den Hund zum Partner schulen und zum Gefährten gewinnen, sein Herz zu erobern. Bleiben Sie eindeutig, lernen Sie, die dreidimensionale Sprache, reden Sie mit einer Zunge.

Die HarmoniLogie schult die Menschen, diesen Dialog zu führen und sich mit Leichtigkeit dem Tier verständlich zu machen und es mit Leichtigkeit zu verstehen. Das schafft Bindung.

So schreibe ich dieses Buch für die Menschen und widme es den Hunden. Lernen Sie, als Mensch lesen, laufen und zuzuhören. Lernen Sie verbindlich, respektvoll und eindeutig zu kommunizieren, lernen Sie, Vertrauen zu schaffen. Ihr Hund wird es Ihnen mit Vertrauen danken. Das ergibt gemeinsames Glück.

Spiel ist Komfortzonenverhalten. Egal, ob mit oder ohne Objekt, ...

... es soll Freude machen.

Sich verstehen erzeugt Vertrauen. Sich vertrauen erzeugt gemeinsame Lebensqualität.

SICH VERSTEHEN UND SICH VERTRAUEN

DAS DREIDIMENSIONALE SPRECHEN UND VERSTEHEN

Das Wort „Verstehen“ können wir auf verschiedene Art und Weise auslegen. Das rein **akustische** Verstehen besteht aus der Tatsache, dass man in der Lage ist, die Töne zu hören. Das **inhaltliche** Verstehen bedeutet, dass beide dieselbe Sprache sprechen und Sender und Empfänger dem Inhalt die gleiche Bedeutung zuordnen können. Das **emotionale** Verstehen geht in Richtung des Nachempfindens.

DER GESCHULTE BLICK

Die HarmoniLogie macht das Verstehen leicht, es ist wie ein Sprachkurs. Sie erwerben ein Sprachverständnis und erzeugen damit Vertrauen. Wie wir es in dem Kapitel über die Funktionskreise und über das Lesenlernen gelernt haben, lesen wir den ganzen Hund und legen uns nicht zu schnell fest. **Wir sind offen für seine individuellen Antworten und bewerten sein Verhalten nicht, sondern beobachten es nur. Sie betrachten die Situation aus der Metaebene.**

LESEBEISPIEL

Der Hund steht frontal vor seinem Menschen (Einlesen der räumlichen Sprache, sprich der Positionierung des Hundes). Er könnte auch quer zu seinem Menschen stehen oder vom Menschen abgewandt. Zudem erkennen wir hier bereits die Bewegungsintention, also in welche Richtung er sich wahrscheinlich bewegen und mit welcher Energie und Intention er dies tun wird.
Nun lesen wir die leibliche Sprache unseres Vierbeiners: Das Maul ist geschlossen, das Tasthaar ist auf 90 Grad aufgestellt, das Auge hat keinen Lidschlag, das Ohr ist aufgerichtet und unbewegt, der Nacken ist steil und fest, der Rücken ist fest und gerade, die Beine stehen fest auf dem Boden, unbewegt, die Rute ist oberhalb der Waagerechten und wedelt aktiv hin und her. Die Atmung ist flach und angespannt.
Wir erkennen den Funktionskreis Drängen/Bedrängen in offensiver Art. Ob es aversiv (also widersetzlich bis aggressiv) ist oder nur fordernd, erfahre ich, wenn ich dem Hund eine räumliche Frage stelle, also ihn zum Beispiel auffordere, mir etwas Platz zu machen. Dabei wäre meine Bewegungsintention vorwärts in Richtung Hundeschulter. Weicht er sofort aus, zeigt mir die Schulter und bekommt Maulaktivität, senkt die Rute

etwas ab, dann war es nur ein Fordern. Bleibt der Hund jedoch in Frontalstellung, groß und züngelt vielleicht etwas, dann haben wir es mit einer Aversion (Widerstand) zu tun.
Ohne den detaillierten Blick hätten etliche Menschen an diesem Hund wahrgenommen, dass er wedelt, und den Rest nicht gesehen. Und wenn ein Hund wedelt, dann freut er sich doch – oder?

Hunde ernst genommen

Nehmen Sie Ihren Hund ernst. Lesen Sie ihn in Ruhe und legen Sie sich nicht so schnell auf ein Signal fest. Hören Sie Ihrem Hund zu, und wenn Sie sich nicht sicher sind, dann fragen Sie lieber noch einmal nach. Zu einer Antwort gehört der ganze Hund, von vorne bis hinten.
Nun haben wir bei dem Kollegen den Funktionskreis Drängen/Bedrängen erkannt. Das ist prima, ein toller Funktionskreis, ohne den Leben schlichtweg nicht möglich wäre. Stellen Sie sich das wie ein großes Zimmer vor, in dem ganz unterschiedliche Dinge dekoriert sind. Drängen/Bedrängen kann Freude, aber auch Aggression beinhalten. Es bedeutet räumlich erst einmal nur, dass das Individuum bereit ist, seine Scholle zu verlassen und auf eine andere Scholle zu gehen. In welcher Absicht, ob als friedlicher, neugieriger Besucher oder als Angreifer, muss man sensibel herausfinden.

Hunde überlassen nichts dem Zufall

Ein Hund ist ein Künstler der räumlichen Sprache. Durch Kontrollieren von Raum und Zeit ist er in der Lage, ein hochkomplexes Kommunikationssystem auf sehr sensitiver Ebene zu führen. Oft reicht schon die Blickrichtung, die Bewegungsintention, die Ausrichtung der Körperachse, um auch auf größere Distanzen Signale zu senden. Und da glauben wir Menschen oft, es sei ein Zufall, dass unser Hund gerade frontal, groß

Klar nach außen orientiert, zeigt Gregor Spannung…

und stramm vor uns steht. Ein Stück weit ist diese Unterstellung auch unserem durch die Evolution geschwächten räumlichen Denken geschuldet. Sie erinnern sich an den Neokortex. Der befähigt uns, die Sprache als Informationsmedium in verschiedenen Zeitfenstern zu verwenden. Wir können über das, was wir denken, fühlen oder erlebt haben, sprechen. Das kann ein Hund nicht. Er kann nur sprechen, und zwar hier und jetzt. Und die räumliche Sprache, die Organisation von Nähe und Distanz, die Winkelung und Bewegungsintention sind seine wichtigsten Worte.

TAKE YOUR TIME

„Take your time“ ist der Schlüssel zum Erfolg beim korrekten Lesen. Erinnern Sie sich an Ihre Schulzeit in der 1. und 2. Klasse? Ihre kleinen Finger rutschten unter den Buchstaben entlang, um das Wort richtig zu erfassen. „Lies langsam“ wurden Sie ermahnt, „Lies gründlich“ hieß es immer wieder. Heute können Sie das ganze Wort mit nur einem Blick erfassen. Und genau so wird es auch im Dialog mit dem Tier sein. Je sorgsamer, umfänglicher und sensibler Sie lesen, desto eindeutiger und echter wird die Antwort ausfallen.

Nach einer Sekunde Nasenkontakt …

… entspannen wir die Situation durch Ansprechbarkeit.

Wenden sich die Hunde direkt ihrem Menschen zu, werden sie sofort gelobt.

OFFEN SEIN FÜR INDIVIDUELLE ANTWORTEN

So beziehen wir das Wort Verstehen auf das objektive, wertfreie Erkennen und Annehmen der tatsächlichen Informationen, das ruhige und vorurteilslose Einsortieren in die Funktionskreise, eben auf das gute Zuhören. Dann sind wir in der Lage, die Informationen zu verstehen. Verstehen wir den Hund richtig, können wir ihm adäquat begegnen und auf diese Weise Missverständnisse aus der Welt räumen, sie verhindern und besonders Vertrauen schaffen.

MITGEFÜHL STATT MITLEID

Das emotionale Verstehen, also das Verständnis, ist in der Tat ein dünnes Brett, von dem schon so mancher abgestürzt ist. Meiner Erfahrung nach ist das Verständnis häufig etwas, was den Prozess des Erziehens, des Schulens und Trainierens extrem stören kann. Mitleid hemmt den Wunsch, eine Veränderung im unerwünschten Verhalten herbeizuführen. „Der arme Hund, der hatte es aber auch schwer. Er sollte in Korea geschlachtet werden und nun hat er immer Angst, wenn ihm Männer mit Handschuhen begegnen. Die will er sofort beißen." Ja, er hatte es vielleicht schwer, jetzt hat er es gut. Nicht jeder Mann mit Handschuhen will Hunde schlachten, es gibt also keinen Grund, diese zu beißen.
Es ist das Mitleid, das Erziehen, Regulieren und Fördern ausbremst. Es ist das Mitleid, das den Menschen unfähig macht, Grenzen zu setzen und Struktur in den sechsbeinigen Alltag zu bringen. Ein Hund, der es einmal schlecht im Leben hatte – und davon gibt es unzählige –, der nun aber in ein sicheres Umfeld gekommen ist, voller Fürsorge und Halt, der hat es jetzt nicht mehr schlecht. Er denkt auch nicht mehr an seine Vergangenheit. Er verwendet nur Lernmuster, die er

in der dunklen Zeit seines Lebens erlernt hat. Das waren seine Überlebensstrategien. Wenn wir das nun verändern möchten, dann müssen wir dafür sorgen, dass diese Überlebensstrategien jetzt und in Zukunft keinen Erfolg mehr haben. Dieses undifferenzierte Mitleid ermöglicht den Hunden keinen Ausweg aus ihrer Vergangenheit in ein wertfreies Jetzt und somit auch nicht in eine rosige Zukunft. Er wird immer der arme Hund bleiben. Pech gehabt!

Mitgefühl und ein guter Überblick sind die Essenz für eine Freundschaft. Mitleid jedoch nicht. Versuchen Sie, das zu sortieren, und geben Sie Ihrem Hund Halt und Orientierung, Struktur und Disziplin. Verständnis, Empathie, Mitgefühl sind nicht nur noble Werte, sie sind die Basis für ein liebevolles Miteinander.

Erinnern Sie sich an die herrliche Kindergeschichte „Michel aus Lönneberga" von Astrid Lindgren? Michel bekam ein Pferd auf dem Markt, weil er verstand, warum es beim Schmied ständig auskeilte. „Das ist wie bei meiner Schwester Ida. Die ist auch immer kitzelig", sagte er und konnte den Pferdefuß so anfassen, dass es nicht gekitzelt hat. Das Pferd war der Wetteinsatz, und diese Wette hat er gewonnen. In diesem Fall hat das Verständnis dem Jungen und dem Pferd geholfen.

Gekippte Ohren, große Augen, der Winkel des Kopfes erzeugen Mitleid.

VERSTÄNDNIS KANN AUCH BLOCKIEREN

„Da guckt er, was er guckt" ist einer meiner Lieblingssprüche. Er schießt mir immer dann durch den Kopf, wenn Hunde Raum und Zeit dominieren und die dazugehörigen Menschen erst einmal überprüfen, warum das so ist, anstatt das Regulativ des Hundes darzustellen.

Wenn Sie mit Ihrem Hund um eine Hausecke gehen und er fängt an zu bellen, werden Sie wahrscheinlich erst einmal schauen, warum er bellt. Sie werden also dort hinschauen, wohin Ihr Hund schaut. Dann werden Sie beurteilen, ob es eine Katze, ein Eichhörnchen, ein Mann mit Hut oder ein Kind mit Fahrradhelm ist, und sortieren Ihre Beobachtungen in Ihren Erfahrungsschatz ein. Während Sie das tun, bellt Ihr Hund. Ungestört und ungehindert. Nun ziehen 80 % aller Menschen an der Leine und sagen: „Ist schon gut!" Und weil es so gut ist, bellt er weiter, das Ziehen an der Leine nimmt er gern in Kauf, das machen Menschen schon einmal.

Ihr Versuch, zu verstehen, warum Ihr Hund bellt, zeichnet Sie als freundlichen Menschen aus, hindert Sie jedoch daran, das Bellen zu regulieren. Nein, nicht schimpfen, an der Leine ziehen und schelten. Nein, nicht mit Futter aus der Situation locken und hoffen das der Joker Fleischwurst oder Thunfisch ablenkt. Sagen Sie einfach seinen Namen. Erinnern Sie sich an Plan A und Plan B (siehe Seite 20)? Für den Fall, dass Sie die ziehende Hilfe, also die Ansprechbarkeit, gut geschult haben, wird Ihr Hund reagieren. Sie können die Situation positiv unterbrechen und das Fehlverhalten Ihres Hundes regulieren. Wenn Sie die Ansprechbarkeit noch nicht gut geschult haben, sollten Sie sie nun lieber nicht anwenden. Hier verwalten Sie Ihren Hund. Dann gehen Sie nach Hause und üben die Ansprechbarkeit, damit Sie diese als Werkzeug in solchen oder ähnlichen Situationen einsetzen können. Schulen Sie Ihren Hund in einem sicheren Umfeld und machen Sie ihn und sich als Team stark, dann können Sie Ihr Werkzeug auch in Krisensituationen einsetzen. Zu den Hilfen, Ansprechbarkeit, Störbarkeit und Lobbarkeit, finden Sie mehr auf Seite 94 ff.

Lassen Sie sich nicht von der Erscheinung täuschen. Schauen Sie auf die wirklichen Signale des ganzen Körpers.

WERDEN WIR KONKRET

Die junge Frau war zu ihrer ersten Stunde bei uns. Sie hatte zwei Hunde dabei. Einen Australian Shepherd, elfjährig und einen kleinen cremefarbenen Mischling, circa dreijährig. Sie stellte mir den Shepherd als lebensfrohen Frechdachs vor, wovon ich mich auch schnell überzeugen konnte. Er hibbelte von rechts nach links, sang immer dieselbe Strophe in den höchsten Tönen und reagierte ab und zu auch auf seinen Namen. Die kleine Hündin hingegen ruhte in sich. Sie hatte Augen so groß und dunkel wie eine Robbe und trug die Ohren an der Seite ihres Kopfes immer ein wenig auf halbmast. Die Rute hing unbewegt herab. Als die Dame mir die Hündin vorstellen wollte, kullerten sofort die Tränen. Rumänien, Tötungsstation, Krankheit und Not kamen in ihren Erzählungen vor. Die Hündin schlief während unseres Vorgespräches. „So einen gepflegten und entspannten Hund wünscht man sich an seiner Seite", dachte ich mir und wir begannen mit der Arbeit. Die sprach die Hündin mit dem Namen an. Sie blickte hoch und legte dann ihren Kopf wieder entspannt auf das Pflaster. Als die Frau den Hund aufforderte, aufzustehen und zu kommen, züngelte die Hündin, stellte die Barthaare auf und nahm die Rute hoch. Die Frau, blind vor Mitleid, hockte sich hin und begann zu betteln. Ich grinste innerlich, denn hier lag ein dickes Missverständnis vor. Nun war es mein Job, die junge Dame davon zu überzeugen, dass ihr Hund nicht arm, sondern frech ist.

Sein und Wirkung zu erkennen und zu trennen, lernen wir in der HarmoniLogie®.

Die Passivität, das Erscheinungsbild des Hundes und die dazugehörige Geschichte lenken den Geist des Menschen in eine Richtung. Die Signale, die der Hund sendete, treffen jedoch eine andere Aussage. Für mich als Trainerin ist es leicht, diese zu erkennen, denn ich bin nicht emotional involviert. Ich blicke von außen darauf und erkenne viel leichter, was tatsächlich gespielt wird. Blende ich die menschlichen Informationen aus, sehe ich einen wunderschönen, sehr entspannten Hund, der eindeutig mit passiver Abwehr auf seinen Menschen reagiert. Auf die Ansprache des Menschen antwortet dieses hübsche Exemplar eher mit den Worten „Du kannst mich mal ..." als mit Demut und Schwere.

Das Maul des Hundes war geschlossen, das Tasthaar auf 90 Grad aufgestellt, sie hat gezüngelt. Es wirkte, als hätte sie mit: „Ey, lass mich in Ruhe!" bereits häufiger Erfolg gehabt.

Ich erkannte auch die Möglichkeit, dass es ein freches Verhalten sein könnte. Zudem ist es außerdem eine Reaktion fernab der Vision, einen aktiven und freudigen Hund an seiner Seite zu haben, der gerne und freudig mitarbeitet. Vielen Menschen geht es wie dieser freundlichen jungen Frau. Sie sehen nur ihr Mitleid, aber nicht ihren Hund. So wird der Hund auf das Gefühl des Menschen abonniert.

Diese junge Dame lernte also das Lesen, und es war in der Tat so mühsam wie das Erlernen einer Fremdsprache, denn sie fühlte sich in ihrer Mitleidskomfortzone recht wohl. Als sie jedoch erkannte, dass ihr Seerobbenhund gar nicht arm war, weil er unmittelbar aus dieser traurigen Ruhe aufspringen konnte, um meine Katze zu jagen, und dabei blitzschnell war, konnten wir mit dem Unterricht beginnen. Das ist auch eine Art, um in das Training einzusteigen.

DIE STILLE DOMINANZ VON RAUM UND ZEIT

DIE RÄUMLICH ORIENTIERTE SPRACHE

Sie würden gemeinsam jagen gehen, sie würden eine Gemeinschaft bilden, sie würden gemeinsam versuchen zu überleben, wenn unsere menschliche Ordnung sie nicht davon abhalten würde. Hunde funktionieren immer noch nach archaischen Gesetzen und bedienen eine sehr feine Kommunikation untereinander. Der Löwenanteil geht hier an die räumliche Organisation zueinander. Die Nähe und Distanz, die sie untereinander zulassen, aus welchem Winkel sie sich wann einander nähern, wer wann Raum freigibt oder blockiert, wer wen bewegt, all das beinhaltet Signale, Informationen, kommunikative Elemente. Es ist die räumliche Sprache, die Hunde so exzellent beherrschen. **Es ist die stille Dominanz von Raum und Zeit.**
Und noch viel mehr, sie sind auch besonders talentiert darin, uns Menschen zu trainieren. Hunde sind die besten Menschentrainer der Welt. Die können machen, dass wir lachen oder weinen, dass wir pünktlich sind, und sie drehen und wenden uns räumlich, wie sie wollen. Häufig fällt es uns Menschen noch nicht einmal auf.

MENSCHENTRAINER HUND

Wir haben einen wunderbaren Trainingsort hier am Hof. Es ist eine an einem schönen Fachwerkhaus gelegene Terrasse. Hübsch dekoriert und eingezäunt gibt es nur einen Zugang aus Richtung Süden. Die Schüler, die auf diese Terrasse kommen, schauen sich gerne um und erfreuen sich an dem herrlichen Ambiente. Die Hunde, die auf die Terrasse kommen, checken ab, wo es Auswege, Reizlagen oder andere Objekte der Begierde gibt. In null Komma nichts positionieren sich die Hunde zu 90 % in Richtung Süden, denn dort war der Ausweg. Brav stellen sich die Menschen dann Richtung Norden neben ihren Hund. Wollen die Menschen ihren Hund einladen, dann sorgen die Hunde dafür, dass die Menschen mit dem Rücken in Richtung Süden zeigen, denn so können sie den Ausgang und ihren Menschen anschauen. Es sei denn, meine Lieblingskatze, die zu gerne beim Training dabei ist, kommt auf die Terrasse. Sie hat ihr Futterhaus im Norden. Wenn sie sich in den Norden setzt und auf ihr Futter wartet, dann drehen die Hunde ihre Menschen mit dem Rücken in die neue Lieblingsrichtung, damit sie die Katze im Blick haben. Die Menschen machen

Im Osten geht die Sonne auf,
nach Süden nimmt sie ihren Lauf,
im Westen wird sie untergehen,
im Norden ist sie nie zu sehen.

lieb mit, sie folgen quasi ihrem Hund und meistens merken sie es noch nicht einmal. Braver Mensch! Das Ganze funktioniert ohne Kraft, ohne Gewalt, ohne Lockmittel. Die Hunde zeigen sich gesprächsbereit, wenn die Himmelsrichtung passt. Und wir Menschen verlieren zu leicht die Navigation aus den Augen. Es ist die „stille Dominanz der räumlichen Organisation der körperlichen Sprache". Schlicht – wer bewegt wen? Und hier punktet der Hund.

ERST DAS DAS, DANN DAS WIE

Wenn ich beginne, mit den jungen Hunden zu arbeiten, lasse ich mich tatsächlich freiwillig drehen. Rufe ich den Hund zu mir, dann darf er gerne die Richtung beeinflussen. Ich stehe also zu Beginn bereitwillig so, dass es für meinen Hund passt. Denn zuerst stelle ich ihm nur eine Frage, und zwar, dass er kommt. Erst wenn dieser Part sicher und fertig trainiert ist, dann beginne ich, nach und nach auch zu beeinflussen, wie er kommt. Ich lade meinen Hund also immer wieder ein, drehe mich dabei jedes Mal ein wenig mit oder gegen den Uhrzeigersinn, um den Hund räumlich zu manipulieren. Rein über die ziehende Hilfe mit dem einschrittigen Einladen, (siehe Clip 003) ist es ein rein positiver Vorgang. Wenn das fertig ist, dann erwarte ich von meinem kleinen Schützling, dass er die Verantwortung für die passende Position frontal vor mir übernehmen kann. Die räumliche Dominanz ist keine Einbahnstraße.
Im Unterricht ist es mir erst einmal wichtig, dass wir Menschen wieder ein Gefühl für Raum und Zeit bekommen. Sie lernen, es zu erkennen und darüber zu lachen. Erst danach beginnen wir, Raum und Zeit zu manipulieren. Das wird vorsichtig und ruhig geübt, bis der Mensch in der Lage ist, wie ein Kompass alle Himmelsrichtungen zu bedienen.

Zuerst erzeuge ich, DASS er kommt, …

… dann beeinflusse ich das WIE, …

NÄHE UND DISTANZ

Die nächste Diskrepanz im menschlichen Denken und tierischen Sprechen ist das Spiel aus Nähe und Distanz. Die räumliche Organisation der Sprache beinhaltet also nicht nur die Richtung, sondern auf ganz erhebliche Weise auch die Distanzen. Eine gute Distanz zu unserem Gesprächspartner ist immer die, die Aufmerksamkeit erhält, aber für Entspannung sorgt. Es gibt zwei Kreise um jedes Individuum. Auch Sie haben diese beiden Kreise oder Zonen um sich herum. Es handelt sich um die Verteidigungszone und die Aktivierungszone. Wie groß diese Zonen sind, hängt vom Individuum und von der jeweiligen Situation ab. Auch beeinflusst das Maß der Vertrautheit innerhalb des Dialoges diese beiden Zonen.
Stellen Sie sich vor, Sie blicken von oben auf den Dialog, dann erkennen Sie, dass es sich immer wieder um Nähe und Distanz und um „Wer bewegt wen?“ handelt.

Spur erlernt der Hund durch das räumliche Regulativ.

.... z. B. in welche Himmelsrichtung er sich ausrichtet.

VOR UND ZURÜCK

Beginnen wir mit den beiden Grundrichtungen, dem Vorwärts und Rückwärts. Hier haben wir Menschen durch unser komplexes Denken einen Knoten im Kopf. Komplex bedeutet, dass Sie die gesamte Handlung im Hinterkopf haben, während ein Tier nur linear die direkte, aktuelle Frage und die dazu passende Antwort bedenkt.
Erinnern Sie sich an das Beispiel von Gregor und Katinka auf Seite 53. Vielleicht geht es Ihnen ähnlich? Sie wollen gerne, dass Ihr Hund zu Ihnen kommt. Nun setzt sich Ihr kleiner Freund in Bewegung und hält circa einen Meter vor Ihnen an. Wetten, dass die meisten von Ihnen diesen Meter aufschließen mit einer Vorwärtsbewegung zum Hund? Wette gewonnen. Denn Sie sind entgegenkommend und bereit, das Ihrige dazu zu tun, damit Ihr Ziel, der Hund ist bei Ihnen, erreicht wird. Ein an sich nobler Ansatz, der leider den Hund passiviert und direkt in ein handfestes Missverständnis führt. Nun ist der Hund ja nicht gekommen, sondern hat dafür gesorgt, dass Sie zu ihm kommen. Nach dem Prinzip der Aktivierung würden Sie lieber noch einen Schritt zurückgehen und dafür sorgen, dass der kleine Kollege sich noch ein

Die Arbeit mit Hund und Herde schult das räumliche Denken. Nur so kann man eine Herde lenken.

bisschen bewegen muss, um zu Ihnen zu gelangen. Dann hätten Sie nicht nur den Hund aktiviert, sondern auch das Naturgesetz der Sprache richtig angewendet, indem Sie ihn einladen, ihm Raum geben. Denken Sie an den Eisbären und die Eisscholle. Wenn Sie wollen, dass der andere Eisbär auf Ihrer Scholle Platz findet, müssen Sie ein Stück rücken. Mit der Vorwärtsbewegung hingegen könnten Sie den anderen Eisbären von Ihrer Scholle schubsen. Das wissen auch die Nashörner und Elefanten in der Serengeti. Treffen beide an ein kleines Wasserloch und wollen trinken, muss erst geklärt werden, wer zuerst trinken darf. Nun stehen die beiden Kolosse voreinander. Frontal. Und es entscheidet die innere Kraft, die Energie, die Standhaftigkeit, zuletzt die Bewegungsintention, wer zuerst trinken darf und wer sich hintanstellt.

DIE RÄUMLICHE POLARITÄT

So geben wir der Sprache eine Polarität. Vorwärts bedeutet fordern, rückwärts heißt einladen. Neben der Orientierung im Raum geht es nun also um die Grundinformationen, die das Tier sehr gut verstehen kann, denn hier bedienen wir die Muttersprache der Natur, die absolut artübergreifend funktioniert.

GEOMETRIE DER SPRACHE

Und nun brauchen wir noch ein Gefühl für die Winkel, mit denen wir das Gespräch beschleunigen oder entspannen können. Wenn Sie im menschlichen Dialog jemandem etwas zu nahegekommen sind, dann macht es Sinn, das Gespräch in eine andere Richtung zu lenken. Sie reden zum Beispiel über das Wetter oder finden ein anderes unverfängliches Thema. Sofort entspannt sich die Situation und Sie können sich in Ruhe wieder an Ihren Gesprächspartner und seine Zonen herantasten. Das nennen wir rechtwinklige Flanken oder auch 90°-winklige Flanken, die dem Dialog Bewegung, Dynamik und auch Möglichkeiten zur Entschleunigung geben. Mit 45°-winkligen Flanken können Sie mehr Raum fordern, da Sie den Radius verkürzen, mit 90°-winkligen Flanken werden Sie Raum geben, da Sie den Radius verlängern. Wenn ich meine Border Collies an den Herden trainiere, sind es diese geometrischen Linien, mit denen ich den Dialog zwischen Hund und Herde coachen muss. Es sind die Zirkel, ob groß oder klein, die Bewegung auf die Herde zu, also auf dem Radius, sowie die Flanken auf 45 – 90 Grad, die wir beherrschen und bedienen. Habe ich das Gefühl, dass die Herde unter zu viel Druck gerät, dann schicke ich den Hund mit einer rechtwinkligen Flanke auf einen größeren Radius, der das Vieh umgehend entspannen lässt. Sie sehen, dass der so romantisch anmutende Beruf der Schäferin einfach nur mit logischem, linearem und geometrischem Denken zu tun hat.

DAS ERFOLGSREZEPT

Es macht Spaß die räumliche Organisation der Sprache zu erlernen und zu erleben. Es ist ein Erfolgsrezept, da die Tiere uns plötzlich verstehen und Missverständnisse wie von selbst aus der Welt geräumt werden. Und das schafft tiefes Vertrauen.

Kraft ist nichts ohne Kontrolle.

die Reaktionen ausfallen. Hunde, die als Erfolgsmuster Drängen/Bedrängen zeigen, antworten schnell mit einer Reaktion aus diesem Funktionskreis. Andere, die lange als Straßenhund ihr Überleben gesichert haben, können auch mit Flucht oder Meideverhalten reagieren, wenn Situationen, Spannungen oder Stimmungen entstehen, die dieses Verhalten triggern. Dabei berichten sie nicht aus ihrer Vergangenheit, sondern reagieren nur so, wie es für sie schon etliche Male erfolgreich war.

DER FAKTOR ZEIT

Für mich persönlich hat sowohl das Training mit den Tieren als auch mein Unterricht etwas Heilsames, denn sie wirken wie eine Meditation auf meinen Geist. Aufgrund der hohen Konzentration auf die aktuelle Kommunikation zwischen den Geschöpfen lande ich unweigerlich im Jetzt. In einem großen Jetzt. Mein Davor und Danach schmelzen ein und vernebeln.

Tiere sind die Könige des Jetzt. Sie denken aktuell und linear. Sie planen nicht, zumindest nicht langfristig, sie grübeln nicht. Sie machen immer das Beste aus ihrer aktuellen Situation. Das macht das Zusammenleben mit ihnen so angenehm, unbeschwert und leicht. Die Sprache der Tiere jedoch bezieht sich auch auf dieses Jetzt. Sie kommunizieren nie aus der Vergangenheit heraus, sondern stets aktuell und situationsbezogen. Das Lernmuster, das sie geprägt hat, beeinflusst, wie

DER LACHENDE HUND

Hunde, die eine innere Leichtigkeit haben, überall bereit sind zu spielen, innerlich losgelassen sind, leben in einer großen Komfortzone. Und genau das ist der Weg der HarmoniLogie. Wir wollen den Hunden das Leben schön machen, damit sie uns das Leben schön machen. Wir wollen sie systematisch zum lachenden Hund erziehen, der ein stabiles positives Lernmuster hat und auf aktuelle Fragen schnell und schlagfertig positive Antworten geben kann. Dann stimmt die Struktur des inneren Lernmusters in jedem Fall.

Die Diskrepanz der Denkweisen zwischen Mensch und Hund ist auf der zeitlichen Ebene erheblich. Es ist eine große Aufgabe, das menschliche Denken im Jetzt zu zentrieren und von der Ursachenforschung und Zukunftsplanung abzubringen. Hier ein Moment aus meinem Alltag, der gewiss auch in Ihren passt.

Wir leben nicht, um zu glauben, sondern um zu lernen. Es gibt nur zwei Tage im Jahr, an denen man nichts tun kann. Der eine ist gestern, der andere morgen. Dies bedeutet, dass heute der richtige Tag zum Lieben, Glauben und in erster Linie zum Leben ist.

(Dalai Lama)

Sage, was du meinst, und meine, was du sagst.

In der Störung soll der Hund nur aufwachen.

Sobald er achtsam wird, laden wir ihn zu uns ein, …

… um ihn aktiv zu loben.

WERDEN WIR KONKRET

Sie ruft ihren Hund beim Namen. In ihrem Kopf stellt sich die komplexe Handlung dar wie folgt: Sie möchte, dass ihr Hund sie anschaut und zu ihr kommt. Der Hund schaut aber gar nicht. Nicht nur das, er reagiert überhaupt nicht auf sie. Das ist eine von mehreren Möglichkeiten, die der Hund hat. Nun stört sie ihren Hund mit „Nein", woraufhin der Hund kommt. Sie ist zufrieden, da ihr komplexes Denken erfüllt wurde. Fakt aber ist, dass der Hund nicht auf die aktuelle Frage „Nein" mit einer zum „Nein" passenden Reaktion reagiert hat, sondern auf „Nein" gekommen ist, als würde er „Nein" heißen. Er hat nicht verstanden, die aktuelle Frage zu beantworten, weil keine Antwort auf die aktuelle Frage eingefordert wurde. Somit heißt der Hund nun „Nein". Und wenn ich den Test mache und die Dame bitte, einen Schritt zurückzugehen und „Nein" zu sagen, dann beweist der Hund, dass dem so ist, denn er kommt brav zu seinem Menschen. Es wirkt kompliziert für uns, doch das ist es gar nicht. Kompliziert ist unsere Gedankenwelt, die verschiedene Zeitfenster erfasst. Der Hund, der nicht auf seinen Namen reagiert hat, gibt uns nur die Chance, den Dialog als aktuellen Prozess im Jetzt zu verstehen. Richtig wäre also, die Reaktion des Hundes abzuwarten. Reagiert er nicht auf seinen Namen, dann ist der Zug bereits abgefahren. Doch dann will ich auch nicht mehr, dass er kommt. Nun möchte ich ihn unterbrechen, stören, aufwecken, regulieren. Im Jetzt zählt nicht mehr das, was eben war. Ich verlasse somit meinen Wunsch, dass er kommt, und habe in diesem Jetzt den Wunsch, ihn zu stören. Ich gehe nicht mehr rückwärts, sondern nach dem

*Wir Menschen reden gerne über das, was war.
Wir sollten aber erkennen, was jetzt ist,
damit wir beeinflussen, was gleich wird.*

„Nein" verläuft meine Bewegungsintention vorwärts in Richtung Vorderfüße, Schulter, Rippenbogen meines Hundes. Nun treibe ich ihn von meiner Eisscholle, bis er mich anschaut, wach und achtsam wird. Somit hat er meine Störung beantwortet. Zudem erzeuge ich in dem Hund den Wunsch, zu kommen. Das neue Jetzt gestaltet nun wieder die Ansprache mit dem Namen. Einen Schritt zurück und der achtsame Hund wird folgen. Selbstverständlich folgt jetzt ein dickes, fettes Lob und eine große Komfortzone bei mir.
Sie lernen, eine korrekte Antwort auf Ihre aktuelle Frage einzufordern, und erfahren, dass das Jetzt des Hundes tatsächlich nur ein Jetzt ist. Der Hund lernt über Erfolgsstrategien. Und wenn die Erfolgsstrategie ist, nicht zu reagieren und dann „Nein" zu heißen, dann ist das die Lösung für den Hund. Entscheidend ist das Bewusstsein dafür, dass es immer eine Frage gibt, die eine Antwort einfordert. Das rückt den Dialog in ein für das Tier überschaubares Zeitfenster.

Das Feedback Ihres Hundes

Meine Schülerin aus dem Beispiel nickt. Ja klar, das habe sie verstanden. Wir wiederholen die Übung und der Hund reagiert wieder nicht auf seinen Namen. Nun geht sie einen Schritt auf ihn zu und sagt: „Nein, Bello!" Wir lachen, denn Doppelnamen sind in. In der Tat braucht es etwas Übung, bis der Mensch in der Lage ist, sich nur auf die aktuelle Frage zu besinnen und den komplexen Zusammenhang außen vor zu lassen. Wir üben es also einfach noch einmal. Rückwärtsgehen und Bello sagen, keine Reaktion, „Nein, nein, nein" sagen und dann vorwärts gehen und den Hund von der Eisscholle treiben. Dieser erwacht und genau das nutzen wir, um wieder rückwärtszugehen und den Namen freundlich und einladend zu wiederholen. Gut gemacht! Und zwar beide! Und während Sie das lesen, denken Sie: „Na, das ist doch klar!" Und wenn Sie mit Ihren gewohnten Mustern vor Ihrem Hund stehen, dann geraten Sie durcheinander. Nicht schlimm. Hunde sind zum Glück sehr geduldig. Und wenn wir es richtig machen, dann geben sie uns auch prompt ein gutes Feedback.

Der Hund soll wollen

Die Ebene, auf die die HarmoniLogie® diese junge Dame bringen möchte, ist eine andere, etwas übergeordnete Kommunikationsebene. Hier soll gar nicht mehr nur erreicht werden, dass der Hund kommt. Es soll vielmehr erreicht werden, dass der Hund kommen will. Es wird zum Wunsch des Tieres und wir brauchen dann nur noch bewusst die Tür zu uns zu öffnen und unseren Freund gezielt einzuladen und zu feiern. In diesem Beispiel erkennen Sie, wie sehr die zeitliche/räumliche, leibliche und akustische Sprache zusammenhängen. Bis hierhin haben wir bereits drei der vier Werkzeuge der HarmoniLogie benutzt. Die Ansprechbarkeit, siehe Seite 94, die Störbarkeit, siehe Seite 98 und die Lobbarkeit, siehe Seite 97. Es sind Werkzeuge des Dialoges, immer im linearen, aktuellen Denken. Das Jetzt als Grundlage der gemeinsamen Sprache ist ein wichtiger Bestandteil, um Missverständnisse zu vermeiden. Wenn wir Menschen es schaffen, mit dem Hund den Dialog im Jetzt zu führen, können wir sicherstellen, dass wir dieselbe Sache sprechen.

DIE AKUSTISCHE SPRACHE

Hören wir Menschen aus anderen Ländern beim Sprechen zu, ohne deren Sprache zu kennen, dann sind es Laute, Zischen, Klackern, Schnalzen, Melodien, die aneinandergehängt für uns keinen Sinn ergeben. Manche Wortmalereien wiederholen sich, und an den Wiederholungen orientieren wir uns und versuchen, anhand der Gestik und Mimik, der Spannung und Entspannung herauszufinden, was diese Signale bedeuten könnten. So in etwa versuchen Hunde, unsere Sprache zu erlernen, sich in unserer akustischen Welt zurechtzufinden. Sprechen, erzählen, sich mitteilen, Informationen transportieren auf dem direkten akustischen Weg ist für uns normal. Ebenso erzählen wir Geschichten in künstlerischer Darstellung, Höhlenmalereien aus der Steinzeit, bewegte Bilder auf einem Mikrochip, Lieder, Filme, Bücher und Hörbücher erzählen permanent Geschichten und dienen dem starken Mitteilungsbedürfnis der Menschen. All das haben Hunde nicht. Aber sie hören uns zu. Interessiert, geduldig und achtsam. Sie verstehen unsere Geschichten nicht, aber sie erkennen Laute, Melodien, Spannungen und Entspannungen. Ich glaube, unser Geplapper, Gesinge und Geschnalze kann in den Ohren der Hunde für ganz schönes Durcheinander sorgen, ähnlich wie bei uns, wenn wir der jeweiligen Sprache nicht mächtig sind.

VOKABELHEFT FÜR SIE UND IHREN HUND

Es macht Sinn, die ersten gemeinsamen Vokabeln mit dem Hund so reduziert wie möglich zu halten. Wichtig ist, dass die Wortmelodien sehr unterschiedlich sind und die Klangfarbe eine hohe Differenz aufweist. Ein für die ganze Familie zugängliches Vokabelheft ist ein guter Ansatz. Die Sprache auf den kleinsten gemeinsamen Nenner zu reduzieren und klare unmissverständliche Bedeutungen der einzelnen Vokabeln sind der erste Schritt in einen reibungslosen Lernprozess.

ZWEISPRACHIG ERZOGEN

Meine Border Collies zum Beispiel sind zweisprachig erzogen. Zum einen gibt es die verbale Sprache, in der jede erwünschte und erlernte Bewegung ein gut differenziertes Wort besitzt. Diese Wörter stammen nicht nur aus der deutschen Sprache, sondern können auch aus anderen Sprachen herrühren oder sind selbst erfundenes Kauderwelsch. Zum anderen hat jedes dieser Wörter eine Melodie. Diese Melodie wird übersetzt in eine Pfeifsprache. Und somit kann ich am Ende der Schulung am Rand einer Fläche stehen und mit meiner Pfeife die unterschiedlichsten Töne

Lerne, zuzuhören, um zu verstehen, sei offen für die Antworten.

von mir geben, während meine Hunde gezielt gesteuert um die Herde sausen. Am Ende erstaunt es den Betrachter, dass nach all dem Gepfeife die Schafe plötzlich dort sind, wo sie hinsollten.
Im Nahbereich spreche ich leise mit meinen Hunden und auf Entfernung pfeife ich leise mit ihnen. Das ist extrem nützlich und sehr eindeutig für die Hunde. In dieser Pfeifsprache ist alles enthalten, was die Hunde wissen müssen. Ein Signal als ziehende Hilfe, damit orientieren sich meine Hunde unmittelbar in meine Richtung und kommen zu mir. Ein Signal als Störung, dann unterbrechen sie, was sie gerade tun, und warten auf neue Informationen. Rechts und links, geradeaus und stopp. Stehen oder liegen haben unterschiedliche Signale, genauso wie weiter raus oder schneller/langsamer laufen. Und dann gibt es noch Signale für etliche Spezialübungen, die den Rahmen dieses Buches sprengen würden. Im Ganzen hat ein fertig ausgebildeter Koppelgebrauchshund an die 30 verbale Signale und dazu kommen dann noch mal ebenso viele Pfeifsignale. Spätestens hier wird klar, dass es sehr sinnvoll ist, die Sprache über die Lautgebung auf ein Minimum zu reduzieren und sich sehr genau Gedanken zu machen, wie der gemeinsame Wortschatz mit dem Hund aussehen soll.

006
Zum Film: Bond und Barnaby gemeinsamer Apport

KOMM – HAU AB ...

Für Ihren Hund sieht es nicht anders aus. Tragen Sie einmal alle Ihre Signale zusammen, schreiben Sie dazu, was sie bedeuten, und behalten Sie dabei Ihre Vision von Ihrem Leben mit Ihrem Partner Hund im Auge. Machen Sie es so einfach und logisch wie möglich und legen Sie die akustischen Signale eindeutig fest. Es gibt viele Signale, die wir Menschen nicht brauchen oder die eine doppelte Bedeutung haben. Und dann gibt es Signale, die Gegensätzliches vereinen. So verleitet uns zum Beispiel das gern benutzte Wort „Komm“ zu Wirrungen und Irrungen im Sprachgebrauch. „Komm her“, „Komm mit“, „Komm, hopp“, „Komm, hau ab“ ... das nennen wir double Dutch.

WERDEN WIR KONKRET

Hier ein weiteres Beispiel für Missverständnisse, die auch erfahrenen Hundemenschen passieren: Sie trainiert Retriever auf allerhöchstem Niveau. Es ist jedes Mal ein Genuss, mit ihr zu arbeiten. Gerne üben wir auch Reizlage und ihre zwei Hunde Sue und Ellen glänzen durch extreme Aufmerksamkeit und Kooperativität. Heute im Unterricht klagt sie, dass Ellen vot kurzem einem Reh

Führt ein Mensch mehrere Hunde gleichzeitig ...

... ist ein durchdachtes, eindeutiges System notwendig.

Legen Sie Ihre individuelle Sprache fest und schließen Sie double Dutch aus.

nachgestellt sei. Sie habe gerufen und geschimpft, konnte aber ihren Hund nicht stoppen. Ich lasse sie eine Übung machen. Sie soll beide Hunde hinsetzen und einen Dummy werfen. Und dann soll sie einen der beiden Hunde losschicken, um den Dummy zu holen, und der andere Hund soll sitzen bleiben. Perfekt positioniert geht es los. Sie stellt sich neben ihre gespannt sitzenden Hunde und sagt: „Sue, nimm." Sue rast los und bringt dienstbeflissen den Dummy. Sie ist zufrieden. Sie merkt den sprachlichen Fehler nicht. Ich möchte mit Ihnen diese Situation einmal auseinandernehmen:

Die ziehende Hilfe missbraucht

Der Name wird als die ziehende Hilfe gearbeitet. Das bedeutet, dass der Hund sich unmittelbar in meine Richtung wendet, wenn ich seinen Namen sage, und sich auf mich konzentriert. Damit bin ich in der Lage, den Hund positiv und sicher von jedem Reiz wegzulenken. Ein so geschulter Hund orientiert sich räumlich also sofort und unmittelbar in meine Richtung. In unserem Beispiel hat die talentierte Schülerin den Namen benutzt, um den Hund individuell anzusprechen und auf den Reiz zu lenken. Das bedeutet, sie hat den Namen „missbraucht", um den Hund zu zünden. Nun versetzen wir uns gedanklich in den Wald und da steht das Reh. Sue schaut das Reh an, was sie durchaus darf. Nun sagt der Mensch den Namen „Sue", die daraufhin genau das tut, was ihr Mensch ihr im Dummytraining beigebracht hat: Sie zündet. Der Hund macht also alles richtig. Er kann ja nicht ahnen, dass dieses Mal der Name die Funktion hat, sich zum Menschen zu wenden. „Sage, was du meinst, und meine, was du sagst", ist nicht nur eines meiner Lieblingszitate, es erklärt auch den Teil der Verantwortung für den Dialog, den wir tragen, sehr deutlich.
Die Sprache, die Sie verwenden wollen, kann Ihrer eigenen Fantasie entsprechen.

DIE KÖRPERLICHE, LEIBLICHE SPRACHE

Jeder von uns kann lesen. Nein, nicht Schriften, sondern Körper. Zugegeben, manche besser als andere, aber dennoch kann jeder Mensch, der in einem sozialen Umfeld lebt, andere Menschen mit allen Sinnen lesen.
Gemeint ist das Erkennen der Körperhaltung, der Spannung oder Entspannung, der Bewegungsform und Bewegungsintention. In der tierischen Welt ist die leibliche Sprache ein wesentliches Transportmittel für Informationen. Tiere verwenden die Wirkung ihres Körpers, um sich auszudrücken. Die Signale reichen von der Nasenspitze bis zum letzten Ende ihrer Rute.
Für uns Menschen heißt das, dass wir uns mit dem Lesen der Tiere sehr intensiv beschäftigen müssen. Lesen Sie das Tier einerseits in seiner Freizeit, also ohne Interaktion mit dem Menschen, andererseits mit den Reaktionen des Tieres auf unsere Anforderungen.

SEIN UND WIRKUNG

Das bedeutet aber auch, dass wir uns über unsere Wirkung, also das Erscheinen unseres Körpers, unsere Ausstrahlung und unser Auftreten im Klaren sein sollten. Es macht Sinn, sich immer wieder die Frage zu stellen, wie man wirkt, was der andere sieht und ob es das ist, was er sehen soll. Ebenso wichtig ist es, zu erkennen, wo und wie wir uns räumlich positionieren. Tierschule ist auch eine Persönlichkeitsschulung des Menschen.

DO IT YOURSELF

Man kann das im „Do it yourself"-Training ganz einfach entwickeln. Stellen Sie einen Spiegel an die Fußkante Ihres Zimmers, so, dass Sie sich von schräg unten betrachten. Das ist in etwa der Blickwinkel Ihres Hundes. Und nun stellen Sie sich davor. Spannen Sie Ihren Körper an, stehen Sie aufrecht und gerade. Das nennen wir „Aufspannen der Körperachse". Hierbei sind die Schultern gerade auf einer Höhe und das Becken steht ebenso im rechten Winkel mit der Senkrechten der Wirbelsäule. Beugen Sie sich nun noch etwas vornüber, dann erkennen Sie schnell, dass Sie nicht sehr einladend aussehen.

BADMAN VERSUS WINNIE PUUH

Jetzt brechen Sie Ihre Winkel. Lassen Sie eine Schulter mehr hängen als die andere, kippen Sie das Becken und legen Sie den Kopf leicht schräg. Das sieht schon ganz anders aus, oder? Nun gehen Sie einfach einen Schritt zurück und kippen Ihre Achse etwas schräg. Einladend, oder?
Ihr Hund sieht Ihre Winkel auch unter einer dicken Winterjacke. Er erkennt den Muskeltonus, spürt Ihren Herzschlag und nimmt Ihren Körpergeruch wahr. Ein Hund ist darauf spezialisiert, Körper zu lesen, und Ihren Körper kennt er wahrscheinlich besser als Sie selbst. Er liest Sie ständig vom Scheitel bis zur Sohle. Und er hat neben der hohen Kompetenz, was das Lesen anbelangt, auch viel mehr Zeit als Sie. Zudem hat er keinen Neokortex, der dafür sorgt, dass er das Jetzt verlässt.

Nicht bewerten, nicht empfinden, nur beobachten!

Ein weiches, spannungsfreies und freundliches Auftreten wirkt einladend. Für jeden.

DAS SPIEL AUS SEIN UND WIRKUNG

Lernen wir die Kommunikation mit Tieren, dann lernen wir auch, unseren Körper als Informationsgeber zu nutzen. Zunächst einmal lernen wir die Unterschiede aus Entspannung und Spannung, dann das Einladen und Fordern, dann das Spiel und Lobverhalten, und am Ende bewegen wir uns ganz authentisch, nur dass wir wissen, was wir damit ausdrücken. So lernen wir, Sein und Wirkung zu erkennen und anzuwenden.
Ist der Grunddialog auch körpersprachlich angelegt, dann können Sie gerne körperliche Signale einüben, Sichtzeichen für die nonverbale Kommunikation. Allerdings ist das der zweite Schritt. Während Sie lernen, Ihren Körper sprachlich korrekt zu bedienen, lernen Sie auch sehr viel über die körperlichen Signale Ihres Hundes.

EMOTIONEN INNERHALB DER KÖRPERSPRACHE

Untrennbar von der körperlichen Sprache sind die Emotionen, die in unserem Körper herrschen. Bewusst, oftmals aber unbewusst. Diese emotionalen Signale können wir nicht immer beeinflussen, was dazu führt, dass wir einen Hund nicht anlügen können. Denn der Hund nimmt all diese Signale wahr und kann sie blitzschnell einsortieren. Laut Wikipedia kann Verstehen auch bedeuten, Verständnis zu haben, ein Verhalten nachvollziehen zu können. Das betrifft die Empathie und das Mitgefühl. Es bedeutet, dass man einen Überblick bekommt, über das Maß an Belastung, die innere Reife, die räumlichen Möglichkeiten und die angemessene Anforderung. Verständnis kann ein

Verstehen deutlich fördern. Wenn ich zum Beispiel Verständnis dafür habe, dass mein Hund gewisse Dinge noch nicht leisten kann, weil er zu jung ist, oder dass diese oder jene Situation für den Hund schwierig war, weil es räumlich zu eng war, dann ist dies ein absolut notwendiges Verständnis, das wir als mütterliche Empathie definieren. Keine Sorge, Väter haben diese auch. Gemeint ist ein liebevoller, fürsorglicher Überblick, der das große Ganze auf die aktuelle Situation herunterbrechen kann. Dabei werden die individuelle Entwicklung zur Selbstständigkeit und das Selbstbewusstsein stets gestärkt.

EMOTIONEN GEHÖREN ZUM KÖRPER

Eine gute Stimmung, also gute, positive Emotionen, erzeugen eine gute Lernatmosphäre, eine harmonische Grundstimmung. Höflich, achtsam und leise. Liebevoll. Selbst klar sein und dem Gegenüber Raum und Platz für individuelle Antworten lassen. Langsam und ruhig oder aktiv und fröhlich, lustig motivierend. Die emotional motivierte Sprache können wir manchmal nicht bewusst beeinflussen, da Gefühle, die wir nun einmal haben, die Klangfarbe und Schwingung ebenso wie unser Auftreten extrem beeinflussen. Freude, Zuversicht, Trauer, Leid, all das verraten wir innerhalb der dreidimensionalen Sprache unserem Gegenüber oftmals unbewusst. Da sie keine bewusst gewählten Informationen sind, bemühen wir uns stets, neutral und sachlich zu sein. Dennoch können wir unseren Hund nicht anschwindeln, denn der bemerkt jederzeit die kleinsten Stimmungsschwankungen.

DER VORWURFSFREIE RAUM

Wir stellen die Sprache stets auf ein neutrales Niveau ein: ein entspannter Körper, der sich fließend, weich und ohne Spannungen bewegt. Eine weiche, gut aufgeräumte räumliche Orientierung, die beweglich ist und die Zonen des Hundes respektiert, Raum gibt und Raum fordert, je nach Anforderung. Eine ruhige, entspannte Stimme, die unaufgeregt die akustischen Signale gibt und klar artikuliert, sich in Klang und Melodie gut differenziert, dabei aber keine Spannung überträgt.

Es sind die positive Energie und die fröhliche Körpersprache, die so wunderbar ansteckend sind.

Nicht darüber reden, was man möchte, sondern sagen, was man will.

All das gehört zur körperlichen Sprache dazu. Am wichtigsten jedoch ist die innere Haltung des Menschen, die vorwurfsfrei und liebevoll der Kreatur Hund entgegentritt. Entscheidend ist, dass der Mensch im Umgang mit dem Hund seine eigenen Emotionen, so gut es geht, kontrolliert und für sich behält und diese dem Hund gegenüber gut reguliert. Damit ist unter anderem die Hilflosigkeit, die Wut oder Enttäuschung gemeint, ebenso wie falscher Ehrgeiz.

AGGRESSION IST TEIL DES LEBENS

Wir Menschen können ziemlich aggressiv werden. Jeder von uns weiß das. Ich weiß, dass auch jedes Schaf, jedes Huhn, jede Ente und natürlich auch jeder Hund aggressiv werden kann. Es gehört zur Kreatur dazu. Wir sollten es weder verteufeln noch leugnen. Der Trick ist der Umgang mit der Aggression. Die Art, wie man sie reguliert, kontrolliert, oder gegen alternatives Verhalten tauscht. Ein konkretes Beispiel in Bezug auf den Hund sind Ressourcen. Stellen wir uns vor, Ihr Hund hat eine Packung Kekse geklaut und Sie wollen sie wiederhaben. Entweder fordern Sie Ihren Hund auf, das Objekt der Begierde herzugeben, nehmen es ihm vielleicht weg und versuchen zu dominieren – das kann Aggression erzeugen –, oder Sie beginnen mit Verhandlungen und Tauschgeschäften – damit könnten Sie die Aggression belohnen. Beides hat keinen Sinn. Versuchen Sie Plan A und Plan B. Lassen Sie Ihrem Kollegen doch die Kekspackung und sprechen Sie ihn mit dem Namen an. Nun kann er reagieren, von der Tüte ablassen und sich um Sie kümmern, oder nicht. Bei „nicht" starten wir Plan B. Hier würde ich meinen Hund um mehr Raum bitten. Zunächst braucht der Hund nur die Frage nach mehr Raum zu beantworten. Ob mit oder ohne Kekstüte ist egal. Danach kommt Plan A. Laden Sie Ihren Hund zu sich ein. Er kommt und hat im besten Fall noch die Kekstüte im Maul. Dann bitten Sie ihn höflich, diese abzugeben. Und schon ist der Konflikt gelöst. Plan A, Plan B und dann ganz viel Lob. Ein sehr sicherer Weg an der Aggression, am stumpfen Dominieren, an dem Streit vorbeizukommen.

MIT LIEBE FLUTEN

Mit der Liebe jedoch, der Zuneigung darf man die Hunde fluten. So häufig stehen oder sitzen Hundemenschen vor mir und sind konzentriert auf den Unterricht. Währenddessen liegen die Hände auf ihrem Schoß, der Hund liegt daneben. „Die Mutter Natur hat euch zwei Hände gegeben, damit ihr mit der einen den Hund streichelt", sage ich dann und muss grinsen. Manche Menschen fühlen sich ertappt, sind verwundert oder auch beglückt, denn endlich sagt ihnen jemand, dass sie das tun dürfen, was sie im Inneren ihres Herzens so gerne tun würden. Einfach nur ihren Hund liebhaben, und das sogar in der Schule. Hundeschule ist immer auch Menschenschule und es ist ein großer Gewinn, wenn die Menschen an Präsenz und Selbstbewusstsein, an Stolz und Geradlinigkeit gewinnen, weil ihr Hund es ihnen beibringt und ermöglicht. Hunde können bessere Menschen aus uns machen. Ich glaube, auch deswegen sind sie unsere besten Freunde. Bis hierhin haben Sie durch Ihren Hund gelernt, eine gute räumliche Orientierung zu bekommen, auch Raum und Zeit dominieren zu können, Sie haben gelernt, entschleunigt das Jetzt zu bedienen, das zu meinen, was Sie sagen, und verstanden, sich auf emotional neutralem Grund zu bewegen. Sie haben gelernt, Ihrem Hund echte Zuneigung zuteil werden zu lassen. Was für ein Gewinn! Dennoch ist die emotional motivierte Sprache ein besonders guter Nährboden für Missverständnisse, denn fast nirgendwo kann Verstehen direkter aneinander vorbeischießen als hier.

WERDEN WIR KONKRET

Das allerschönste Beispiel ist immer das Lob. Nun haben Sie, seit Sie Ihr Leben mit Ihrem Hund teilen, auch fleißig Hundeschulen besucht. Meist wird hier mithilfe von Konditionierung gearbeitet. Auch Sie haben aufgehört, Ihrem Hund direkt zu sagen, was er gut gemacht hat, das macht dann plötzlich das Leckerchen. Jedes Mal, wenn nun die Hand zum Hund geht, schaut er nach dem Keks. Nun wollen Sie plötzlich Ihren Hund über das Streicheln und das Abstreichen des Gesichtes loben. Die Hand geht zum Hund, er erwartet den Keks, findet keinen und schaut dann erst einmal auf den Boden, denn er ist sicher, dass der Keks runtergefallen ist. Als er erfolglos wieder hochblickt, ist Ihre Hand plötzlich ganz dicht an seinem Kopf. Er wendet den Kopf zur Seite. Sie glauben, er mag das Streicheln nicht, weil er den Kopf abwendet. Ich sage: „Er sucht immer noch den Keks und kann mit der Hand noch nichts oder nichts mehr anfangen." Hunde, die das Lob über Berührung erfahren, drücken ihren Kopf ganz fest in die Hände des Menschen. Das ist nicht nur wunderschön, sondern auch kostenlos, geht nicht auf die Hüften, es schmiert nicht und man kann es überall in großer Menge verteilen. Das Streicheln sollten Sie etwas üben, und das am besten fernab der bisher konditionierten Verhaltensmuster. Wie leicht wir in die Falle der Interpretation tappen, zeigt folgendes Beispiel, und auch ich schlittere regelmäßig hinein.

WERDEN WIR KONKRET

Es ist die Begrüßungszeremonie. Sie kommen nach Hause und Ihr Hund hat schon lange auf Sie gewartet. Sie öffnen die Tür, nein, sie versuchen, die Tür zu öffnen, denn dahinter wedelt, quietscht und wackelt es, dass man fast nicht eintreten kann. Die haarige Freude saust los, holt Pantoffeln, hüpft umher und ist voller Aufregung und Energie. Es wirkt auf uns wie Freude. Und was gibt es Schöneres, als nach Hause zu kommen, und jemand freut sich? Laut Funktionskreis handelt es sich hier um Drängen/Bedrängen. Lassen wir die Emotionen, die dahinterstecken und vor allem die, die es erzeugen, erst mal außen vor. Es ist Drängen/Bedrängen ohne jede aversive Energie, aber dennoch eine Distanzlosigkeit. Der Hund lernt, dass er mit offensiver Distanzlosigkeit Erfolg hat. Wir nennen es Freude und freuen uns gleich mit. Nun kommen Gäste zu Besuch, und der Hund versucht sein Erfolgskonzept gleich noch einmal. Auch versucht er es, als er einen anderen Hund auf der Straße trifft und als er verschlammte Pfoten hat und Sie die feine Hose für die Arbeit anhaben. In all dieser Freude, so wie wir es nennen, setzt der Hund Energie frei. Und diese Energie verträgt ein Regulativ.

Dem Kind einen Namen geben

Ich beobachte bei den Begrüßungszeremonien unter meinen Hunden immer etwas anderes. Da würde Fuzzi, mein kleiner Border Terrier, niemals auf die Idee kommen, Pombär, meinen Fila Brasi-

Freude in der Begrüßung tut gut.

Sie braucht nur Spielregeln und Überblick.

Die Begegnung mit dem Hund soll von Freude, Zuneigung und Achtsamkeit geprägt sein.

liero, anzuspringen. Eher begrüßt er ihn vorsichtig und konzentriert, aktiv und wedelnd, aber immer im Einverständnis des großen Hundes. Komme ich nach Hause, sind Distanzlosigkeiten durchaus auf dem Plan. Vielleicht sollte ich noch mal mit Pombär reden und erfahren, wie er das macht.
Die Tatsache, dass wir es Freude nennen, stellt uns ein Bein. Denn niemand möchte die Spaßbremse für echte Freude sein. Wenn wir es distanzlos nennen, dann steht es in einem anderen Licht und wir sind in der Lage, es zu regulieren. Hier hilft die HarmoniLogie enorm, Struktur in unseren emotionalen Dschungel zu bringen. Denn wenn wir in der Lage sind, das Verhalten nicht mitzufühlen, sondern zu lesen, fällt es uns viel leichter, es zu sortieren, zu regulieren oder auch zu strukturieren und somit zu lenken.
Klar soll mein Fuzzi sich weiter freuen, wenn ich nach Hause komme. Aber vielleicht kann ich die Distanzlosigkeit besser steuern, wenn ich das Drängen/Bedrängen innerhalb der Freude reguliere. Zum Beispiel durch die freundliche Frage nach mehr Distanz, durch eine Lektion oder auch ein ruhendes Lob. Selbst wenn ich freundlich, aber bestimmt innerhalb der Begrüßungszeremonie mehr Raum fordere, erhalte ich dieses Glück versprühende Verhalten des positiven Drängens/Bedrängens.

007
Zum Film: Fuzzis Freude

DIE EINDEUTIGKEIT

Sobald wir all diese Sprachen zusammenbringen, können wir mit einem guten räumlichen Überblick, im Jetzt, freundlich neutral, sprachlich eindeutig und körperlich spannungsfrei mit unserem Hund kommunizieren. Wir lernen die Sprache so einzusetzen, dass unser Tier es leicht hat, sie zu verstehen, und wir lernen, die Signale der Hunde so wahrzunehmen, dass ein echter Dialog zwischen zwei unterschiedlichen Gattungen leicht gelingt. Wir lernen die Eindeutigkeit.

Gehen Sie freundlich, mit gebrochenen Winkeln einen Schritt rückwärts und sagen Sie leise und entspannt den Namen des Hundes, dann hat er die Möglichkeit, zu Ihnen zu kommen. Wenn Sie mit aufrechter Haltung einen Schritt auf die Schulter des Hundes zugehen, nachdem Sie entspannt und freundlich das Störsignal „Nein, nein, nein" gesagt haben, fordern Sie mehr Raum. Es ist ein Leichtes, den Hund in Raum und Zeit zu regulieren, achtsam, wach und gesprächsbereit zu bekommen. Haben Sie diese Gesprächsbereitschaft erreicht, lohnt es sich, unmittelbar wieder mit weichem Körper einen Schritt rückwärts zu gehen und den Hund mit seinem Namen einzuladen, sodass eine harmonische und konzentrierte Stimmung entsteht. Eindeutig bedeutet, dass wir die Missverständlichkeiten aus unserem Sprachgebrauch herausfiltern und auf der Ebene, auf der Hunde kommunizieren, unsere Signale geben. Linear, freundlich, sachlich und im Jetzt.

Als Tiertrainerin schule ich sehr viele Teams mit meist sechs Beinen. Ich fühle mich manchmal wie ein Eheberater, manchmal wie ein Dolmetscher. Dabei geht es immer wieder darum, den Gebrauch der Sprache aufeinander abzustimmen, damit Informationen vom Sender zum Empfänger so transportiert werden, wie sie gemeint sind. Dieses Sender-Empfänger-Prinzip ist keine Einbahnstraße. Es ist ein klarer Dialog, ein gegenseitiger Austausch an Informationen.

Wir Menschen besitzen eine etwas andere Intelligenz. Im Umgang mit den Tieren sollten wir diese Intelligenz intelligent einsetzen. Der Überblick über unser Handeln, Sprechen und Schulen ist am Ende für das Glück und die Zufriedenheit unserer Schützlinge verantwortlich.

Wenn die dreidimensionale Sprache, also leiblich, räumlich und akustisch dieselbe Aussage treffen und wir mit einer glaubhaften Eindeutigkeit es dem Hund leicht machen, uns zu verstehen, nennen wir das Sprachhygiene. Ein gutes zeitliches Denken, also das große Jetzt, welches der Hund erfassen kann, sowie emotional neutrale Begegnungen schaffen tiefes Vertrauen.

008

Zum Film: Raum fordern bei Apple

Eindeutig und freundlich durch Raumfordern dem Hund Orientierung geben.

WERKZEUGE DER HARMONILOGIE

DIE BAUSTEINE FÜR EINEN GELUNGENEN DIALOG

So, wie in Kapitel 1 Seite 18 beschrieben, bauen wir aus vier Werkzeugen ein System auf, dass so einfach ist, dass die Tiere es verstehen. Da das Verständnis und der Gebrauch dieser vier Werkzeuge extrem wichtig ist, um eine Partnerschaft zu gründen, beleuchten wir sie hier noch einmal sehr detailliert. Diese vier Werkzeuge werden wie Vokabeln mit dem Hund geübt. Und erst wenn sie richtig gut sitzen, setzen wir sie ein, um dem Hund damit das Leben, die Tricks und die Regeln unserer menschlichen Welt zu erklären.

1. DIE ANSPRECHBARKEIT

Das wichtigste Werkzeug ist der Name, die sogenannte ziehende Hilfe. Denn mithilfe des Namens, der Ansprechbarkeit, kann ich den Hund geistig wie körperlich immer in meine Richtung lenken. Es ist eine klare räumliche Orientierung in meine Richtung. In der ziehenden Hilfe geben wir dem Hund Raum, wir laden ihn auf unsere Eisscholle ein. Dafür wenden wir uns dem Vierbeiner zu und bewegen uns einen kleinen Schritt von ihm weg. Mit einer weichen und freundlichen Geste sowie mit dem entspannt und leise ausgesprochenen Namen laden wir den Hund ein. Dieser soll unmittelbar weich und entspannt auf uns reagieren, Blickkontakt aufnehmen und halten und die entstandene Lücke zwischen uns schließen, indem er kommt, sich freundlich vor uns setzt und wartet, was passiert (Lob, Anleinen oder weitere Informationen).
Ziel: Ein Werkzeug, das nicht nur dazu dient, dass der Hund auf Sie reagiert, sondern eines, das – wenn es fertig gearbeitet ist – auch jede Konfliktsituation deeskalieren kann, den Hund absichert und ihm somit jede Freiheit gibt. Zum Beispiel bei einer Hundebegegnung: Leises Ansprechen des Hundes, er wendet sich unmittelbar weich und wedelig seinem Menschen zu und achtet auf ihn und nicht auf den anderen Hund. Oder eine Wildbegegnung: Der Hund sieht das Reh, Sie sagen leise seinen Namen und er wendet sich Ihnen zu ... Stellen Sie sich einmal vor, alle Hunde würden auf ihren Namen hören. Dann gäbe es in der Hundewelt gar keine Krimis mehr. Fangen wir doch einfach erst mal mit dem eigenen Hund an und schulen ihn so, dass dieser Baustein sitzt.

009
Zum Film: ziehende Hilfe bei Bond

Das einschrittige Einladen orientiert und aktiviert den Hund zu seinem Menschen.

BEIDE SEITEN MÜSSEN LERNEN

Der Hund erlernt den Namen und durch das Training auch, verbindlich darauf zu reagieren. Das ist die eine Seite. Auf der anderen Seite muss der Mensch ebenso lernen, den Namen nur dann zu sagen, wenn er ihn meint. Das ist fast schwieriger, im Training und im Alltag durchzusetzen, als es dem Hund zu erklären.

Die gemeinsame Sprache, Spur und Sport erzeugen tiefe, gegenseitige Bindung.

WERDEN WIR KONKRET

Sie hatte einen kleinen Terrier Namens Lilly, einen zuckersüßen Hund mit passendem Namen. Und Lilly hatte das liebste und herzensbeste Frauchen der ganzen Welt erwischt. Lilly war ein Wirbelwind sondergleichen. In unfassbarer Geschwindigkeit konnte Lilly ihren Menschen bedrängen, wieder wegdrängen, andere Hunde anbellen, wieder ihren Menschen anspringen und sich wedelnd im Kreis drehen. Wow, da ging die Post ab! Sie sagte: „Lilly." Nichts geschah. Dann sagte sie: „Lilly, lass das", dann sagte sie: „Lilly, runter", dem folgte: „Lilly, komm", und dann „Lilly, Sitz". Kein einziges Mal reagierte der Hund, sondern wirbelte weiterhin umher. Wir begannen das Training. Ich erklärte den Wert der ziehenden Hilfe und wir besprachen, wann sie eingesetzt wird. Dann bat ich sie, nicht Lilly zu sagen, wenn sie keinen konkreten Blickkontakt haben wolle. Lilly sprang sie an. „Lilly!" – „Nicht schlimm", sagte ich, „Sagen Sie einfach einmal nicht den Namen." Lilly hüpfte hin und her. „Lilly!", ertönte es. „Wir versuchen es einfach noch einmal", unterbrach ich und wir beschlossen gemeinsam, den Namen nur zu sagen, wenn der Hund zu ihr kommen und sich hinsetzen soll, Blickkontakt inklusive. Lilly sprang sie wieder an. Ich konnte sehen, wie sie überlegte, aber dann schoss es ihr über die Lippen: „Lilly!"
Wir mussten beide lachen. Das ging dann noch einige Zeit so weiter, denn es war bereits wie ein Reflex, der nicht ganz so leicht abzustellen ist. Heute sind die beiden ein bezauberndes Team geworden und die Sprache ebenso wie die Spur sind erklärt. Wir haben während des Trainings viel erreicht und sehr viel Spaß miteinander gehabt und inzwischen ist es ein Running Gag: „Sagen Sie einfach nicht Lilly." – „Lilly!"
Wir Menschen sind in unserem Denken und Handeln geprägt und es ist für uns fast schwieriger, dieses ritualisierte Verhalten abzulegen und neu zu entwickeln. Anders gesagt: Der Mensch ist ein Gewohnheitstier, da haben es die Hunde viel leichter.

DIE TELEFONNUMMER IHRES HUNDES

Legen Sie den Namen des Hundes fest, ähnlich einer Telefonnummer, die, wenn Sie sie wählen, immer auch zu einem Gespräch führt. Kein Funkloch, kein Akku leer und immer Netz. Auf der anderen Seite legen Sie aber auch nicht einfach auf, wenn der andere drangeht. Lassen Sie sich auf die ziehende Hilfe ein.
Zu Beginn schule ich die ziehende Hilfe so, dass der Hund sich unmittelbar zu mir wendet, mich anschaut und sich vor mich hinsetzt, sodass ich ihn in aller Ruhe loben, an- oder ableinen oder ihm andere Anweisungen geben kann.

FRAGEN, DIE ICH NICHT STELLE, BRAUCHEN AUCH KEINE ANTWORT

Im Umkehrschluss heißt das, wenn uns der Hund zum Beispiel einfach nur begleiten soll, wir ihn nicht beim Namen rufen, sondern das dafür bestimmte Signal geben. Anstatt „Lilly, komm mit“, sagen wir nur: „Komm mit.“
Die räumliche Sprache der ziehenden Hilfe ist immer eine Rückwärtsintention, das einschrittige Einladen. Wir machen dem Hund Platz, um in unseren Tanzbereich treten zu können. Die visuelle Sprache bedient gebrochene Winkel, einen weichen, spannungsfreien Körper und gerne auch ein Sichtzeichen wie zum Beispiel eine Hand am Oberschenkel. Wir schulen die ziehende Hilfe an einer Leine. Ob im Haus, Garten oder Feld und Flur. Zu Beginn ist unser kleiner Kollege mit einer Leine gesichert, damit die Schulung eine Erfolgsgarantie wird.

2. DIE LOBBARKEIT

Das nächste Werkzeug ist die Lobbarkeit. Dieses Werkzeug brauchen wir, um das Glück zu schmieden, um Erfolg zu markieren und um Feste zu feiern. Es schafft Komfortzonen und diese schaffen Vertrauen. Es macht nicht nur unfassbar viel Spaß, diese zu üben, es ist ebenso extrem wertvoll! Die Lobbarkeit umfasst das gesamte Komfortzonentraining.

AKTIV, ABER RUHIG LOBEN

Das beginnt mit Kuscheln, sozialer Fellpflege, Kontaktliegen, Streicheln, das Abstreichen der Nasalfalte, also ruhig und gleichmäßig mit dem Wuchs des Fells das ganze Gesicht ausstreichen, mit Lobwörtern wie „Jawohl“ oder „Gut so“.

AKTIV AKTIVIEREN

Ebenso mit körperbezogenem, unterlegenem Spiel, was so viel heißt wie gemeinsam herumzutoben, ohne in den Tanzbereich des Hundes einzudringen. Sie machen also immer dem Hund Platz und weichen ihm aus. Dennoch erklären Sie die Spielregeln, denn Ihr Hund darf nicht mit den Zähnen nach Ihren Händen fassen. Tut er das, dann stören Sie ihn kurz (siehe Störbarkeit Seite 98) und spielen unmittelbar weiter. Ebenso können wir das objektbezogene, unterlegene Spiel üben, bei dem der Hund gewinnen darf und Sie ihm im Rahmen des Tanzbereiches viel Raum lassen.

Das gemeinsame Spiel schafft gemeinsames Glück.

010
Zum Film: Lobbarkeit bei Bond

Fast jeder Mensch kennt es, wenn der Hund wegdrängt. Mit einer ruhigen Störung...

PASSIVES GLÜCK

Ebenso ist ein Dulden, ein stilles Annehmen der Leistung ein Lob. Wenn wir die Konzentration nicht stören wollen, wenn wir das Gleichgewicht erhalten wollen, dann ist Reden Silber und Schweigen Gold. Das ist das passive Lob.
So lernen wir das Lob an die Handlung anzupassen, damit wir das Ziel des positiven Lernens erreichen.

LOBEN, BIS DAS LOB WIRKT, ...

... und auf keinen Fall vorher aufhören. Das gilt für jede Form des aktiven Lobes. Mit dem ganzen Herzen loben, Freude erzeugen und glaubhafte positive Energie. Spielen, Toben, Lieben, Lachen. Das kann man mit einem Hund ganz besonders gut. Für echte Freude gibt es kein Limit!
Auch die Lobbarkeit üben wir in einem ruhigen Ambiente. Es kann sein, dass Ihr Hund sich nicht loben lässt, wenn er bislang über Futter bestätigt wurde und nicht über die direkte Ansprache – und dann noch seine Lieblingskatze vorbeikommt. Hier fehlt dann noch die dritte Säule, die Störbarkeit, doch dazu kommen wir gleich.
Wir brauchen die gut geschulte Lobbarkeit, um das Bindungssystem zu stärken, um Komfortzonen zu schaffen, um erwünschtes Verhalten zu markieren. Es ist der Schlüssel zum Glück.

3. DIE STÖRBARKEIT

Das nächste Werkzeug ist die Störbarkeit. Sie funktioniert wie ein Radiowecker. Der soll Ihnen nichts tun, der soll Sie nur wach machen, aufwecken. Und dieses Aufwecken schulen wir gezielt. Ich muss meinen Hund mit einem leisen und entspannten Signal in seinem Handeln unterbrechen können. Die Hunde lernen das ganz schnell.
Auch hier sind die Menschen oft der schwierigere Part im Unterricht, denn wir sind anders geprägt. Jeder kennt Lob und Strafe und doch fällt es vielen schwer, den Hund ohne strafende Energie zu unterbrechen. So kommt es, dass viele Menschen das Stören nicht üben können, weil sie glauben, dass der Hund nur für einen Fehler gestraft wird. Mit der gut geschulten Störbarkeit bin ich in der Lage, dem Hund ein Regulativ darzustellen. Und jedes in Familien, Clans, Herden oder Rudeln organisierte Lebewesen braucht ein Regulativ. Regulieren bedeutet zum Beispiel, dass ich Raum fordern kann, dass ich Achtsamkeit erzeugen kann, dass Respekt auf einer Augenhöhe stattfindet.

BEGRENZEND REGULIERT

Ein leises fast gesäuseltes „Nein, nein, nein" soll das Störsignal sein, das zunächst aus einem absolut spannungsfreien Körper ertönt. Die erwünschte

... können wir den Hund begrenzen.

Mit der ziehenden Hilfe wird er orientiert und gelobt.

Reaktion des Hundes wäre, dass er unmittelbar zu Ihnen schaut und wartet. Er soll nicht kommen, er soll nicht weggehen. Er darf den Radius, den er zu Ihnen hat, erhalten und Ihnen die Schulter präsentieren. Er soll aufrecht und positiv, freundlich und achtsam sein und die neuen Informationen oder aber die Korrektur abwarten und in Ruhe in Empfang nehmen.

So geht's

Wir üben es einfach mal. Aus dem Zusammenhang heraus, in einem ruhigen Ambiente und wie immer an kurzer Leine. Leise und freundlich sagen wir: „Nein, nein, nein." Mit unserer Achse sind wir immer dem Hund zugewandt, gehen jedoch nicht auf ihn zu, sondern bleiben standhaft auf unserer Scholle. Vielleicht passiert jetzt gar nichts, es erfolgt keine Reaktion. Dann beginnen wir, die gespannte Leine so auszuschütteln, dass es den Hund stört und er sein Handeln unterbricht. Wir nennen dieses Ausschütteln der Leine „Arret". Er baut Blickkontakt auf. Das ist für uns das Zeichen, sofort mit der Störung aufzuhören, ihn aber noch nicht einzuladen. Der Moment des Einladens soll ein bewusster Moment sein, für den Hund und für den Menschen. Es ist, als ob Sie die Tür aufmachen, Licht anschalten und Kaffee und Kuchen auf den Tisch stellen.

Sie erzeugen damit nicht nur, dass Ihr Hund zu Ihnen kommt, sondern dass er zu Ihnen kommen will. Das ist der entscheidende und wunderbare Unterschied.

Diese Art der Störung, die ich Ihnen gerade vorgestellt habe, nennen wir das begrenzende Nein. Weil der Hund durch die Leine gesichert ist und nicht nach hinten ausweichen kann, setzt er sich sehr schnell mit seinem Menschen auseinander. Und weil auf jede Störung eine Einladung folgt, die in eine Komfortzone und in ein Lob führt, entwickeln die Hunde sehr schnell ein positives Verständnis dafür. So entsteht Lernen.

Mit der begrenzenden Störung gestalte ich dem Hund bewusst eine Wohlfühlzone in meiner Nähe, denn ich kann mit dieser Art der Störung das Wegdrängen, das fast jeder Hund irgendwann leidenschaftlich tun möchte, sehr leicht und effektiv regulieren. Auch erklären wir damit die Leinenführigkeit sowie den freien Anschluss, wenn es fertig geschult ist. Verstehen Sie das begrenzende Nein als eine Warnung, so als würden Sie sagen: „Pass auf, du stößt dich gleich an der Grenze deiner Heimat." Gut ist es, wenn der Hund sich dann auch stößt und lernt, diese Grenze zu respektieren. So reicht beizeiten eine Warnung, damit der Hund innerhalb der imaginären Grenze bleibt und gerne nach Hause kommt.

011

Zum Film: Störbarkeit – das begrenzende Nein

012
Zum Film: Störbarkeit – das geometrische Nein

GEOMETRISCH REGULIERT

Neben dieser Art der Störung gibt es noch das geometrisch gearbeitete Nein. Ziel dieser Korrektur ist es, etwas mehr Distanz und Respekt zwischen den beiden Individuen zu schaffen – ein in meinen Augen extrem wichtiger Lernprozess für eine stabile und liebevolle Beziehung. Auch diese Art der Störung üben wir ohne einen direkten Zusammenhang mit einem Fehlverhalten. Es geht ja erst einmal darum, unserem kleinen Freund die Vokabeln zu erklären, damit wir sie später nutzen können.

Raum fordern

Der Hund ist angeleint, wir befinden uns in einer reizarmen Umgebung. Zuerst erfolgt das freundliche „Nein, nein, nein". Dieses Mal fordern wir etwas mehr Raum vom Hund, wir verlangen, dass er von unserer Eisscholle geht, beziehungsweise zumindest anbietet, von unserer Scholle zu weichen. Dabei bleibt das eine Bein stehen, während das andere vorsichtig mehr Platz fordert, indem man einen Schritt auf die Schulter des Hundes zugeht. Geht der Hund auch nur einen Schritt zur Seite und schaut uns an, ist alles schon gut. Mit einer solchen Reaktion sind wir Menschen sofort zufrieden und der Kollege wird eingeladen und tüchtig gelobt.

Besser rechnen als der Hund

Dadurch, dass ich ein Standbein und ein „Treibbein" habe, bin ich in der Lage, die Laufrichtung meines Hundes zu beeinflussen. Ich kann den Hund mit und gegen den Uhrzeigersinn in Bewegung setzen. Dadurch bin ich der Steuermann von Raum und Zeit. Es beeindruckt meinen kleinen Freund nicht nur, es beweist ihm auch, dass ich Raum und Zeit ebenso bedienen kann. Ich kann ihn also in der räumlichen Sprache dominieren. Das ist ein wichtiger Prozess, wenn ich mit einem so hochbegabten Kommunikationspartner wie dem Hund arbeite.

Die Körpersprache hilft dem Hund in die Lösung

In meiner weiteren Ausbildung brauche ich die Möglichkeit, den Hund mit meiner Achse steuern zu können, etwa wenn es darum geht, ihn zu einem anderen Dummy zu lenken, in der Suche zu unterstützen oder an den Schafen auszubilden. In diesen kleinen Schritten ganz zu Beginn lernt der Hund, meinen Körper, meine Richtung und meine Distanz zu respektieren und als Hilfe anzunehmen. Es ist ein wunderbarer Weg, der Nähe und Distanz zu einem reibungslosen Wechselspiel verschmelzen lässt und die Beziehung zu unserem geliebten Partner Hund zugleich klärt und beflügelt.

Die Möglichkeit, freundlich mehr Raum zu fordern, …

… bedeutet, entspannt Nähe und Distanz zu regulieren.

Ich bin das Zuhause meines Hundes. Das ist die wichtigste Grundlage, dass er jederzeit gerne zu mir kommt.

WANN SETZE ICH WELCHE STÖRUNG EIN?

Sind die Störungen ausreichend geschult, kann ich sie verwenden, um den Hund damit zu schulen. Gibt es Probleme im Rahmen der Distanzlosigkeit nach außen, wie zum Beispiel der Leinenführigkeit, dann benutze ich das begrenzende Nein, den sogenannten Arret. Auch der freie Anschluss wird über die Begrenzung geschult. An dieser Stelle beobachte ich oft eine Fehlerquelle im Verständnis der Menschen. Häufig beklagen sie sich, dass der Hund zu weit wegdrängt. Wenn ich sie beobachte, sehe ich, dass die meisten ihren Hund erst ab einer gewissen Distanz zurückrufen. Der Hund kommt und geht gleich wieder. Dadurch lernt der Hund, dass der Mensch manchmal ruft und er dann kommen kann. Er lernt nicht, nicht wegzugehen, also bei seinem Mensch zu bleiben.

Wenn ich das Einhalten einer imaginären Grenze, also einer festen Distanz, schulen möchte, dann störe ich meinen Hund bei Erreichen dieser Grenze. Ich warte, bis mein kleiner Freund an diese imaginäre Grenze herantritt und unterbreche sein Vorhaben mit dem leisen, nicht bedrohlichen „Nein, nein, nein“, das zuvor entsprechend gut gearbeitet worden ist. Er wird sich umdrehen und mich anschauen und dann werde ich ihn einladen. So kann der Hund sich an der Grenze „stoßen“ und lernen, diese zu respektieren. Da die Störung sofort in ein Lob und in eine Komfortzone führt, erklärt sich von selbst, dass der Hund sich gerne seinem Menschen anschließt und lernt, selbstständig auf die Nähe zu achten. Auf diese Art und Weise lernen die Hunde sehr schnell, die Grenze der Heimat zu respektieren und gerne zu Hause zu sein, nämlich bei ihrem Menschen.

EIN WEG IN DIE ACHTSAMKEIT

Gibt es Fragen in Bezug auf Distanzlosigkeiten nach innen, ebenso wie Respektlosigkeit dem Menschen gegenüber, wählen wir die geometrische Störung. Hier dient die Art der Störung bereits in gewissem Maße dem Regulativ für Nähe und Distanz. Reagiert der Hund nicht auf seinen Namen, dann störe ich meist mit dem begrenzenden Nein. Und schon können wir einen einfachen Plan entwickeln, immer vor dem Hintergrund, dass die Hilfen gut geschult und tatsächlich verstanden sind.

WERDEN WIR KONKRET

Mein Hund schaut eine Katze an. Das darf er. Er kann sich ja nicht die Augen zuhalten, wenn eine Katze kommt. Leise und freundlich sage ich seinen Namen.
Wiederholen wir Plan A und B von Seite 20:
A: Er reagiert unmittelbar und freundlich und schenkt mir seine Aufmerksamkeit. Prima!
B: Er reagiert nicht. Ich sage ein leises „Nein, nein, nein". Reagiert er nicht auf die Störung, dann unterbreche ich ihn mit einem Arret. Er schaut mich an und wartet. Ich lade ihn mit dem Namen ein und lobe ihn kräftig, sobald er vor mir sitzt. In diesem Fall würde ich die Situation noch einige Male wiederholen, bis wir uns von B auf A hochgearbeitet haben. Manche Katzen sind so geduldig und bleiben solange sitzen.

MISSTRAUEN DURCH MISSVERSTEHEN

Das Missverstehen innerhalb der Störung ist der Moment, in dem die Störung in eine Strafe abgleitet. Plötzlich wird der Körper des Menschen stramm und fest. Die Stimme wird hart und ein Befehlston dominiert den Raum. Meist mit einem straffen Arm, der mit ausgestrecktem, strammem Zeigefinger auf den Ort zeigt, wo der Schützling sich unverzüglich hinzubegeben hat. Also ein Befehl und kein Signal, eine Strafe und keine Störung. Die Antwort des Hundes ist meistens ähnlich. Leicht geduckt, etwas verlangsamt bewegt er sich demütig vor seinen Befehlshaber. Ein Garant, das Vertrauen über Bord zu werfen. So ist Stören nicht gemeint. Genau hier macht die HarmoniLogie® einen Unterschied. Hier wechseln wir von der Harmonie, der Einladung, in die Disharmonie, die Störung, die bewirkt, dass der Hund gefallen will, kommen will, zu uns will. Diesen Moment des Wollens warten wir ab, um dann gezielt, bewusst und freundlich die Einladung auszusprechen und dem Schüler zu erlauben, zu uns zu kommen. Nur stören, nicht strafen. Die Werkzeuge werden gezielt voneinander getrennt, damit das Tier sich in unserer Gegenwart wohl und sicher fühlt. Sie sehen, die leibliche Sprache, die gezielt Entspannung in Spannung und wieder in Entspannung wandeln kann, die räumliche Sprache, die bewusst Raum gibt, Raum fordert und wieder Raum gibt, sowie eine reduzierte akustische Sprache spielen hier dieselbe Melodie. Eine Harmonie entsteht dann, wenn alle Störungen beseitigt werden können.

Vertrauen schaffen durch einen sicheren, klaren und liebevollen Dialog

Ziel ist, jede Situation so entspannt, deeskalierend und stressfrei zu bewältigen. Über diesen Schulungsprozess stoßen wir im Kopf des Tieres einen Lernprozess an, der dazu führt, dass das Tier sich mit Leichtigkeit für die Harmonie, also die Nähe seines Menschen, entscheiden kann und dem Menschen Vertrauen entgegenbringt, denn es gibt keine Strafen, keine toxische Stimmung, keine Demütigungen.
Bis hierhin haben wir erst drei der vier Säulen gelernt und geschult. Bereits mit diesen drei Säulen sind wir in der Lage, unseren Hund überall und immer anzusprechen, unmittelbar Kontakt zu bekommen und ihm überall eine Komfortzone gestalten zu können. Das ist mehr, als 90 % aller Hunde können.

Der Hund lernt, Reize wahrzunehmen und immer…

… und überall ansprechbar zu bleiben.

Das schafft Vertrauen in jeder Beziehung.

4. DIE ABGRENZBARKEIT

Jeder Baum im Wald, jedes Schaf, jedes Pferd und jeder Hund versucht, dafür zu sorgen, dass seine Individualdistanz eingehalten wird. Das ist ein überlebenswichtiger Prozess. Im Wald ist jeder Baum automatisch das Regulativ für den nächsten Baum. Sie können gut gedeihen, wenn der Abstand zwischen ihnen ausreicht. Und genauso wie es bei den Bäumen funktioniert, so funktioniert es auch bei den Wildgänsen, die den ganzen Tag das Spiel aus Nähe und Distanz spielen. Hunde sorgen sehr filigran auf ein gutes Maß an Nähe und Distanz, wenn sie miteinander leben. Sie regeln die Möglichkeit, Nähe gegen Distanz zu tauschen. Bei den Schafen und Ziegen ist es dasselbe. Feine Signale, konkrete Warnungen und klare Grenzen.
Wir Menschen machen aus den klaren Grenzen feste Gesetze. Ein Hund darf nie ins Bett, er muss immer nach mir aus der Tür gehen, er bekommt sein Fressen, nachdem ich gegessen habe usw.
In der Natur werden Nähe und Distanz unmittelbar, aktuell und ständig reguliert. Hier ist soziale Fellpflege möglich, da wird sie beendet, hier gibt es Kontaktliegen, da entsteht das Verlangen nach mehr Distanz. Es sind keine fixen Gesetze, keine Machtspiele, keine in Stein gemeißelten Regularien. Jeder kann Nähe zulassen und sie im Handumdrehen gegen Distanz tauschen.
Auf Deutsch heißt das, Sie können mit Ihrem Hund gerne und selbstverständlich auf dem Sofa liegen und es im nächsten Moment beenden, weil Sie z. B. Chips essen wollen. Was für ein Gewinn für die Beziehung, es gibt nämlich fast nichts Schöneres als einen glücklich entspannten und zufrieden schnaufenden Hund auf dem Schoß! Konsequent ist nicht das Regelwerk „Der-darf-nie-aufs-Sofa“, sondern das Regelwerk „Der-Mensch-kann-Nähe-und-Distanz-steuern“ – und zwar mit Leichtigkeit und ohne Spannung. Das erhöht die Lebensqualität der gesamten Beziehung erheblich.

Hierzu und für etliches mehr brauchen wir die Befähigung, Nähe gegen Distanz zu tauschen. Und das verbirgt sich hinter dem Begriff Abgrenzbarkeit. Wir üben es, wie die anderen Säulen auch, sehr entspannt, herausgelöst aus einem Zusammenhang in einer reizarmen Situation.

DER DIREKTE WEG INS AKTIVE ANGEBOT

Die Abgrenzbarkeit und das geometrische Nein haben vieles gemein. Und wenn das geometrische Nein gut gearbeitet ist, dann ist das Training der Abgrenzbarkeit meist schnell gemacht. Es geht darum, dass Sie auf Ihrer Scholle stehen und den Hund freundlich und leise auffordern können, diese zu verlassen. Ein leiser Knurrton und ein angedeutetes geometrisches Nein reichen meist aus, damit der Hund wie folgt reagiert:
Er wird unmittelbar aktiv, schleckt sich seitlich über das Maul, präsentiert Ihnen die Schulter, hält Blickkontakt bei einem beweglichen Ohr und wedelt. Ziel erreicht, und schon kann der Kollege wieder eingeladen werden, spielen, loben, das Komfortzonentraining voll und ganz genießen. Das, was Sie in der Reaktion erkannt haben, nennen wir ein aktives Angebot, der Joker unter den Funktionskreisen, den jedes Individuum in sich trägt. Und es tut dem Tier sehr gut, ein Regulativ zu haben, die Möglichkeit, sich zu orientieren, und innerhalb der gesteckten Grenzen sicher zu sein. Es schafft tiefes Vertrauen, wenn der Hund weiß, dass ohne Spannung und Druck Nähe gegen Distanz getauscht werden kann. Dieses Regulativ erhält das Tier beweglich, teamfähig und gesund. Darum macht es Sinn, es zu schulen. Wir schulen es erst, wenn die ersten drei Säulen fertig sind, denn es bedarf etwas Übung im Sprachgebrauch, räumlich, leiblich und akustisch für den Zweibeiner. Zudem muss der Mensch auch erst einmal lernen, die Signale des Tieres zu lesen und zu erkennen. Das braucht Übung und die finden wir in den ersten drei Säulen zur Genüge.

Die Abgrenzbarkeit bedeutet, dass wir höflich Raum fordern …

… und diesen Raum vom Hund bereitwillig bekommen.

DIE WERKZEUGE FÜR GEGENSEITIGES VERTRAUEN

Die Tools, die Werkzeuge der HarmoniLogie®, lassen sich leicht und schnell lernen. Mithilfe dieser Werkzeuge bin ich in der Lage, mir jederzeit einen Zugang zu meinem Tier zu schaffen, jederzeit das Tier zum Lachen zu bringen und mit Leichtigkeit Nähe gegen Distanz zu tauschen und umgekehrt. Und mithilfe dieser Werkzeuge bin ich in der Lage, mein Tier komplett auszubilden, denn ich habe ein Tier an meiner Seite, das mir zuhört, auf mich achtet, mich respektiert und somit eine korrekte innere Haltung aufweist. Ich habe ein Tier, das mir vertraut, weil es mich versteht, und dem ich vertraue, weil es mir zuhört. Aus dieser Position ist ein Weg in eine korrekte und erwünschte äußere Haltung ganz leicht. Es geht in der Tierschule nicht um die Tricks. Es geht um das Miteinander, um die Achtsamkeit aus beiden Richtungen. Es geht um Harmonie und am Ende geht es einfach nur um den Spaß, den beide Beteiligten miteinander haben.

So entsteht gegenseitiges Verstehen und Vertrauen.

WERDEN WIR KONKRET

Es war ihr zweiter Gos d'Atura Català. Bilbo Beutlin. Sie nannte ihn immer liebevoll „meinen Gansta-Rapper". Mich erinnerte er ein wenig an den Schlagzeuger aus der Muppet-Show.
Ihr erster „Katalanischer Schäferhund" war ein sehr ausgeglichener und ruhiger Kollege. Außerdem ist es nun schon viele Jahre her, dass sie einen jungen Hund hatte. Und dieser kleine Zwerg sollte nun in die großen Fußstapfen seines Vorgängers treten. Das schaffte er nicht und tapste ständig daneben. Bea war und ist eine versierte Hundetrainerin, doch dieser kleine Kerl hatte eine Mischung aus Hyperaktivität, offensiver Abwehr und echter Gewitztheit. Er stellte Bea jeden Tag auf die Probe. Sehr früh, sehr klar und sehr fordernd. In seiner Vorstellung sollte sie immer voller positiver Energie sein und alle Türen offenl assen.

Von individuell bis einzigartig

Dieses Team brauchte einen guten Fahrplan. Es sollte nichts dem Zufall überlassen werden, beide benötigten eine klare Spur. So machten wir uns gemeinsam ans Werk, um für die beiden einen individuellen Ausbildungsplan zu entwickeln. Beas Ziele waren klar definiert. Ein stiller Begleiter, der sportlich motiviert als Reitbegleithund, Servicehund im sozialen Dienst und fleißiger Apportierer das Leben ihrer Familie bereichern sollte. Doch Bilbo hatte andere Pläne für sein Leben. Er übte sich beständig im Neinsagen. Fast so wie der Struwwelpeter: Nein, die Rolle lern ich nicht, nein, das Ablegen will ich nicht, nein, in deine Spur möchte ich nicht. Und dabei war er mit seinem Schnauzbart, seiner Löwenmähne und seiner Frohnatur ein echter Hingucker. Und diese Einzigartigkeit in diesem charakterstarken Dickkopf wollten wir erhalten. Denn genau das war es, was Bea so an ihm liebte.

013
Zum Film: Abgrenzbarkeit

Das Glück liegt im Detail

Wir ließen uns Zeit, die Hilfen, also die vier Säulen, gründlich zu schulen, und nutzten jede Gelegenheit, um sie sorgfältig abzufragen. Als Bilbo sechs Monate alt war, empfanden wir es als wichtig, dass er jedes Mal, wenn er angeleint werden sollte, sich korrekt vor Bea hinsetzte und lernte

Bilbo, der Gangsta-Rapper, kommt mit einem Lachen angeflitzt! Der Weg dorthin reicht von individuell bis einzigartig.

zu warten, bis sie so weit war. Genauso das Ableinen. Erst einladen, dann ableinen, dann noch mal einladen, dann loben und dann erst frei. Wir entwickelten viele solcher Rituale und versuchten, sie im Detail festzulegen.
Das gab diesem kleinen Wirbelwind Struktur und gefühlte tausend kleine Fragen am Tag, die ihn forderten und prägten. Bea verstand sich darauf, diese Rituale einzuhalten, und konnte mit ihrer Konsequenz dem süßen Sturkopf Paroli bieten. Als Bilbo neun Monate alt war, stellte er sich das erste Mal vehement gegen seinen Menschen. Das hatten wir nicht auf dem Plan, und wir waren beide überrascht.

Rückwärts rechnen, um vorwärtszukommen

Also gingen wir drei Schritte in unserer Ausbildung zurück. Wir hatten anscheinend nicht sein Einverständnis zu den Anforderungen. Es handelte sich hier um Themen bezüglich der Ablage und der Leinenführigkeit. Bilbo wollte sich weder hinlegen noch sich für das Ziehen an der Leine korrigieren lassen. Er stellte auf stur und drohte passiv. Wir drückten auf Reset, ein Neustart für den Gangsta-Rapper. Plan A und Plan B (siehe Seite 20) waren nun gefragt sowie ein erneutes Schulen der Hilfen. Wir merkten, dass wir langsamer vorgehen mussten, gründlicher die Säulen der HarmoniLogie schulen sollten, um ihn stabil durch diese pubertäre Phase bringen zu können. Es gab demnach Pausen vom Hinlegen, und Bea konzentrierte sich nur auf eine Baustelle, nämlich die Leinenführigkeit. Das war ein voller Erfolg.

Die Akzeptanz der Hilfen

... war unser großes Thema. Unsere Route führte weg von den Lektionen und hin zu den ursprünglichen Hilfen, der Sprachhygiene und der Entschleunigung. Dadurch, dass Bilbo einen mit langem Fell bewachsenen Körper und ein behaartes Gesicht hat, waren seine leisen Drohzeichen nicht immer gleich ersichtlich. Bea bemühte sich, das Gesicht so gut wie möglich zu frisieren, sodass alle Konturen erkannt werden konnten. Das half enorm. Das ruhige und freundliche

4. Bestehen auf die ziehende Hilfe,
5. Loben, bis das Lob wirkte,
6. Stören bis zu einer aktiven Veränderung und
7. Einfordern von Raum und Höflichkeitssignalen.

schien für dieses Team besonders wichtig zu sein. Und auch in der weiterführenden Ausbildung schauten wir immer wieder regelmäßig die Akzeptanz der Hilfen nach. Je stabiler die vier Säulen sind, umso größer kann das Haus sein, das wir darauf bauen. Dennoch blieb unser kleiner Freund konsequent im Querdenken. Er nutzte jeden Reiz, um kurz zu bellen, eine Spannung zu entwickeln oder sich festzumachen. Immer wieder schaffte er es, innerhalb der ziehenden Hilfe den Blick abzuwenden und sich nach außen zu orientieren. Er hatte in der Bewegung meist eine nach außen gerichtete Bewegungsintention, er konnte in einer unglaublichen Geschwindigkeit wegdrängen. Also beschlossen wir, langsamer zu werden, und er musste lernen, auf uns langsame Menschen zu warten. Er lernte, den Blick so lange zu halten, wie Bea es wollte, und sie lernte, ihn sofort zu stören, wenn er in seiner Bewegungsintention nach außen drängte. Die gründliche Detailarbeit, das entschleunigte Vorgehen und Beas große Bereitschaft, sich bei einem so intelligenten Hund auf ein langsameres Lerntempo zu konzentrieren, waren der Schlüssel zum Erfolg, um diesen kleinen Kollegen in seiner Natürlichkeit zu erhalten und dennoch gezielt auszubilden. Als die Pubertät vorbei war, lernte er in Windeseile all die neuen Themen. Und genau das machten wir uns zunutze.

Keine Verbote, sondern Gebote

Jede Überreaktion, jedes Anschlagen, eben jedes Nach-außen-Orientieren nutzte Bea fortan, um ihm Aufgaben zu stellen. Sie lernte, vorausschauend zu handeln und seinen schnellen Geist gezielt mit Aufgaben zu fokussieren. So war sein erster Auftritt bei einem Seminar hier im Betrieb davon geprägt, dass er ständig anschlug, wenn die Teilnehmer applaudierten. Heute trägt er eine Blechgießkanne in den Seminarraum und ist so auf Bea und ihre Aufgaben konzentriert, dass der tosende Applaus vielleicht Bea die Röte in die Wangen treibt, aber das nur vor Freude und Stolz darüber, dass ihr Bilbo der anständigste und lustigste Gansta-Rapper aller Zeiten geworden ist und unbeirrt seine Aufgaben erfüllt.

Das Konto der Kritik

Ein Trick war, sich darauf zu konzentrieren, dass das Konto der Kritik in den schwarzen Zahlen blieb, dass sie so wenig wie möglich die Störbarkeit benutzte, umso häufiger die Lobbarkeit und die Ansprechbarkeit. Sieben Neins am Tag müssen reichen. Der Rest wird über ein kluges Management und die ziehende Hilfe reguliert.
Ein anderer Trick war das gründliche Erarbeiten der Säulen und die große Bereitschaft, diese immer wieder zu festigen und zu vertiefen.
Ein weiterer Trick war die Großherzigkeit und der gute Überblick über sein Wesen, die langsame Entwicklung seiner Persönlichkeit.
Heute hinterlässt Bilbo Beutlin seine eigenen Fußstapfen. Er ist kein Remake seines Vorgängers, er ist ein Neustart. Er ist einzigartig und hat mit Bea seinen passenden Menschen an seiner Seite.

Bindung ist wie eine Pflanze. Man muss sie pflegen, damit sie gedeiht.

DIE HUND-MENSCH-BEZIEHUNG

— *(Miss-)Verständnis in der Beziehungsebene*

DER HUND ALS SPIEGEL DES MENSCHEN

Überall auf der Welt gibt es Hunde – manche in glücklicher Beziehung, manche im goldenen Käfig und andere im Elend gefangen, immer aber in Beziehung mit uns Menschen. Die Anpassungsfähigkeit der Hunde ist atemberaubend. Warum Sie genau zu Ihrem Hund gekommen sind, können Sie vielleicht gar nicht sagen, Zufall, Wunschhund, geerbt? Hunde passen sich den Gegebenheiten an, meistens jedenfalls. Manchmal auch nicht, dann passen die Geister nicht unter ein Dach. Oder es bewegen sich beide Gesprächspartner aufeinander zu. Dann wird das Glück perfekt, denn beide wachsen über sich hinaus.

BEZIEHUNG AUF AUGENHÖHE?

Betrachten wir die Beziehung zwischen Mensch und Hund, erkennen wir in erster Linie ein Gefälle. Der Mensch ist frei. Er kann kommen und gehen, wann er will. Er besitzt den Türschlüssel und die Fähigkeit, den Karabiner der Leine zu lösen. Außerdem weiß er, wie der Kühlschrank aufgeht. Um dieses Gefälle auszugleichen, sollte der Mensch die Verantwortung übernehmen und seinen Hund gut schulen und erziehen, damit dieser auch frei sein kann. Die Futterbevorratung sollte er vielleicht trotzdem als eigenes Privileg für sich behalten.

ER SCHUF DEN HUND NACH SEINEM EBENBILD

In der Beziehung zwischen Mensch und Hund ist schon seit eh und je ein faszinierender Prozess zu beobachten. Man kann häufig Ähnlichkeiten zwischen dem Menschen und seinem Hund erkennen. Es ist, als würde der Mensch seinen vierbeinigen Freund so sehr nach seiner Weltanschauung prägen, dass es häufig nicht nur Verhaltensähnlichkeiten gibt, sondern auch Ähnlichkeiten in der Mimik und Gestik. Es ist demnach ein weiteres Gefälle, denn es lässt sich vermuten, dass der Mensch auch das Weltbild des Hundes prägt, sofern man von so etwas reden kann, und somit auch Beschlüsse, Reaktionen, Antworten im Hund fördert, die derselbe Hund, würde er anderswo leben, auch anders äußern würde. So kommt es in sechsbeinigen Beziehungen schnell dazu, dass der Hund seinen Menschen spiegelt. Die Beobachtungsgabe unserer Hunde, gepaart mit der enormen Fähigkeit zu kommunizieren, also zuzuhören/wahrzunehmen ebenso wie sich mitzuteilen, führt dazu, dass der Hund schnell in der Lage ist, das Beste aus seinem Jetzt zu machen. Und das Beste ist es immer auch dann, wenn wir Menschen zufrieden sind, wenn Harmonie entsteht. Er übernimmt Verhaltensweisen, regt sich schnell auf, wenn sein Mensch sich schnell aufregt, wird zum Workaholic, wenn sein Mensch einer ist, oder entzieht sich Spannungen und meidet Konflikte, wenn sein Mensch selbiges tut.

Border Collies sind Workaholics und brauchen Aufgaben.

LOHN UND JACKPOT

So ist es nicht nur der Fall, dass wir Menschen die Tiere in unser Gewahrsam nehmen. Vielmehr leben wir auch unsere Psychologie an ihnen aus. Erziehen nach humanitären Weltanschauungen, menschlichen Werten von Lohn und Jackpot sowie einer sprachlichen Gemengelage, welche ein Wirrwarr im Kopf der Tiere erzeugt, führt meist auf direktem Weg in manifeste Missverständnisse, die auf dem Rücken der Tiere ausgetragen werden. Denn diese haben keinen Autoschlüssel, können nicht kommen und gehen, wie sie wollen, und auch den Kühlschrank nicht bedienen. Sie müssen das Jetzt akzeptieren. Fakt ist, dass die Hunde frank und frei ausplaudern, was für ein Mensch das Frauchen oder Herrchen ist. Man muss ihnen nur aufmerksam zuhören.

HUNDESMUND TUT WAHRHEIT KUND

Das abgewandelte Sprichwort trifft den Nagel auf den Kopf. Da muss man gut erziehen und schulen, dass der kleine Kollege nicht alles ausplaudert, was man gerne für sich behalten würde. Über den Hund erfahren wir sehr viel über die dazugehörigen Menschen. Häufig sprechen die Menschen über ihre eigenen Gefühle, wenn sie versuchen, ihren Hund darzustellen. Dies können wir zum Beispiel in therapeutischen Bereichen sehr gut einsetzen und die Anwesenheit von hierfür ausgebildeten Therapiehunden gezielt nutzen. In Unterrichtssituationen lassen viele Menschen so einiges von sich und der Thematik, die sie mitbringen, erkennen. Auf diese Weise ist es möglich, einen sehr hilfreichen Zugang zu den Menschen zu finden, der zu therapeutischen Zwecken genutzt werden kann.

Wir loben die Hunde mit dem Herzen. Das schafft Bindung.

ICH BIN TRAINER UND KEIN PRÜFER

Ein einfaches Beispiel hierfür sind die Unterrichtssituationen, in denen neue Schüler hereinkommen. Meist ist der dritte Satz nach der Begrüßung eine Entschuldigung für das Verhalten des Hundes: „Er ist so aufgeregt. Das macht er sonst nie.“ Mein Blick fällt auf den Hund. Er sitzt recht entspannt auf seinem Hintern und schaut sich die Gegend an. Na, vielleicht ist ja das zweibeinige Ende aufgeregter als dieser Kollege hier. Und dafür habe ich in der Tat volles Verständnis, denn eine Unterrichtssituation, gerade wenn alles neu ist, kann in uns Menschen Stress auslösen. Erst wenn klar ist, dass der Lehrer, der da sitzt, ein Trainer und kein Prüfer ist, können viele Menschen innerlich loslassen, vertrauen und sich öffnen.

SIE SIND DER DIRIGENT

Amüsant ist die zuverlässig wiederkehrende Äußerung: „Hier gehorcht er immer viel besser. Zu Hause würde er nie so schnell reagieren.“ Bei dem Versuch, zu erörtern, warum das so ist, stoßen wir häufig auf den Hintergrund: disziplinierteres Auftreten, klarere Sprache und der Mut, Fehlverhalten zu regulieren, sowie durch innere Losgelassenheit echte Freude zu zeigen. Denn bei uns im Training konzentriert sich der Mensch gerne voll und ganz auf seinen Hund und zu Hause läuft der Dialog mit seinem vierbeinigen Freund oft auf einer Nebenstraße, manchmal auch in eine Sackgasse. Die Lösung ist immer dieselbe: Lassen Sie sich auch zu Hause auf den Dialog mit Ihrem Hund ein. Sprechen Sie lieber weniger, langsamer und dafür eindeutiger. Meinen Sie, was Sie sagen, und sagen Sie, was Sie meinen. Es geht hier um Achtsamkeit seitens des Menschen, Achtsamkeit für die aktuelle Situation. Es geht um glaubhafte Energie. Und diese Energie im fröhlichen ebenso wie im regulierenden Verhalten schließt Härte oder Verführung aus.

SELBSTWAHRNEHMUNG

Wir benutzen eine Beschreibung der eigenen Gefühle, wenn wir unseren Hund darstellen. Und als Trainer und Coach kann ich die Schlüsselwörter finden, die meist Klarheit in eine Beziehung bringen können. Es ist gut, dem Schüler sehr genau zuzuhören, wenn man ihm helfen möchte. Ein Teil der Kommunikationsschulung für Mensch und Tier beinhaltet auch das Training für die Selbstwahrnehmung. Es ist eben auch sehr gut, zu lernen und zu üben, sich selbst sehr genau zuzuhören, zu beobachten und wahrzunehmen, in der räumlichen, leiblichen, und akustischen Sprache zu erleben, wenn man sich selbst helfen möchte. Denn wenn man sich in seinem ritualisierten Denken und Handeln, in seinem eigenen Echoraum erkennen kann, kann man auch Wege finden, etwas zu verändern. Der Hund dient uns als Spiegel und so können wir beweglich bleiben. Am Ende bleibt stehen: Der Hund ist extrem bindungsfähig und durch diese Bindungsfähigkeit auch bestrebt, in einer Harmonie zu leben. Erkennen wir unseren Hund, erkennen wir uns selbst.

DER HUND IST DER BESTE TRAINER

WERDEN WIR KONKRET

Mein linkes Bein ist schon seit einigen Minuten eingeschlafen. Mein rechter Fuß versucht krampfhaft, auf der Spitze zu stehen, damit mein Oberschenkel in der Waagerechten bleibt. Leicht gekrümmt sitze ich auf meiner Bank im Unterrichtsraum und versuche, meinen linken Arm nicht zu bewegen. Die rechte Hand streichelt langsam und gleichmäßig Fuzzis Gesicht. Er schläft. Und während er das tut, ohne zu schnarchen, stelle ich plötzlich fest, dass meine Körperhaltung sehr unbequem ist. Doch wenn ich sie verändere, könnte er aufwachen. Ein Blick auf die Uhr, bald muss ich sowieso aufstehen, die Schüler verabschieden und die neuen Gäste in Empfang nehmen. So lange wird es wohl noch gehen. Wie kriegt dieser kleine Kerl das nur hin, dass ich mich im wahrsten Sinne des Wortes so für ihn verbiege? Sie kennen das? Ein Stück ist es gewiss die Freude, Teil seiner Zufriedenheit zu sein. Es ist sein Charme, seine Zuneigung, die er mir schenkt, aber auch der tiefe innere Wunsch, zu lieben, warum ich ihn so weich bette.

Hunde trainieren und regulieren uns. Sie tun das mit ihrer Zuneigung.

Das Lachen, die Kunst der Hunde

In der nächsten Stunde sind wir unterwegs. Alltagssituationen suchen und bearbeiten. Fuzzi folgt mir. Regelmäßig tänzelt er neben mir her und schaut mich an. Nein, nicht auf meine Tasche, sondern er schaut mir ins Gesicht, direkt in die Augen. Dabei hat er sein Maul geöffnet, er ist aufrecht und wedelt in der Waagerechten. Es wirkt wie ein Lachen auf mich und es erzeugt Glück. Dieses Glück strömt aus meinem Herzen durch meinen Körper. Ich bücke mich kurz, um über seinen Kopf zu streicheln. „Gut so", sage ich und fühle mich warm und angenommen. Dann widme ich mich wieder dem Unterricht und kann die Wärme seines Lachens direkt an den Schüler weiterleiten. Danke, Fuzzi, du bist mein Freund und ein Held, denn du hast zwei Menschen glücklich gemacht. Mich und den, der von der Wärme profitiert.

Fuzzis Lachen ist nicht nur charmant, es macht glücklich.

GEGENSEITIGES VERTRAUEN

Sie sehen, es ist ein Geben und ein Nehmen in der Beziehung zwischen Mensch und Hund. Und auch wenn der Hund die Kühlschranktür nicht öffnen kann, so ist er doch in vielen anderen Punkten überlegen. Zum Beispiel in der leiblichen Sprache, im räumlichen Denken und im Lesen. Geschickt und schnell, entschieden und selbstverständlich drehen diese kleinen Kollegen uns so, wie sie es wollen, machen, dass wir aufstehen und Wasser holen, dass wir die Straßenseite wechseln oder die Wohnung umgestalten. Hunde machen das ohne Zwang und Härte, ohne Lautstärke und Strafe. Und auch locken sie uns nicht mit einem Keks oder einer Wurst in die gewünschte Position. Hunde machen das einfach. Weil sie wissen, wie wir funktionieren. Sie belohnen uns mit Aufmerksamkeit und ihrer Zuneigung.

DER MENSCH SUCHT HARMONIE

Und wir Menschen lassen uns gerne trainieren. Wir suchen ebenso wie der Hund Harmonie, Zuneigung, Anschluss. Und wenn wir das mit etwas Abstand betrachten, dann wird klar, dass wir eigentlich dasselbe wollen. Die Missverständnisse in der Verständigung können nur wir Menschen aus dem Weg räumen. Und dafür sollten wir uns auf die Sprache einlassen, die die Tiere verstehen. Es ist bereits ein großes Entgegenkommen, dass die Hunde unsere Sprache erlernen wollen, sollten wir diese doch so anwenden, dass sie sie mit Leichtigkeit verstehen.
Ja, Hunde sind gute Menschentrainer. Und wir sind in der Tat leicht manipulierbar. Seien wir offen für das, was sie uns lehren.

SELBSTBEWUSSTSEIN …

… oder sich seiner selbst bewusst sein. Das Ich in uns Menschen hat sich über die gesamte Evolution entwickelt. Es ist das Bewusstsein einer Persönlichkeit und gibt uns die Möglichkeit, uns mit bequemen und unbequemen Fragen des Lebens zu beschäftigen. Wir grübeln nach dem Sinn des Lebens, erfinden uns regelmäßig neu und erleben im Laufe des Lebens unser Wandeln. Während das passiert, liegt unser Hund vor dem warmen

Die Bindung zwischen Mensch und Hund hat eine enorme Kraft und Tiefe.

Ofen und denkt vielleicht über einen großen Knochen nach, der noch im Garten liegt. Es ist ein großer Raum in unserem Geist, den wir mit intelligenten Fragen füllen können. Wir werden unserem Selbst bewusst, unserem Handeln, unserer Verantwortung, unseren Träumen und Visionen. Man kann nicht sagen, ob Hunde nicht auch Träume und Visionen haben, aber beobachten können wir, dass sie mit ihrem Selbstbewusstsein viel mehr in einem direkten Bezug zum Jetzt agieren. Während wir befähigt sind, über unsere Gefühle zu sprechen und uns komplex mitzuteilen, lernen wir auch, diesen Raum mit unserer Wirklichkeit zu füllen. Es dreht sich beim Menschen immer wieder um sein Ego und manchmal drehen wir uns auch um uns selbst.

SICH NICHT SO WICHTIG NEHMEN

Wie häufig beginnen wir einen Satz mit dem Wort „Ich", wie oft wird ein Gespräch auf das Ich gelenkt, was ich fühle, was ich denke, was ich erlebt habe. Es ist ein Echoraum, in dem wir uns bewegen und in dem wir ein riesengroßes Ich an die Wände projizieren können.

HUNDE MEINEN NICHTS PERSÖNLICH

Wir beziehen schnell die Reaktionen des Hundes auf uns, stellen uns infrage, nehmen Fehlverhalten persönlich. Dieser Tatbestand kann toxisch sein für die Beziehung zu unserem Hund. Dabei meinen die Hunde das gar nicht so. Der Hund setzt sich viel weniger mit unserem Ego auseinander, als wir es tun. Der Hund ist ein Egoist, der ein starkes Bestreben hat, sich um seinen Vorteil zu bemühen. Er plant keine Manöver, um seinem Menschen zu schaden. Das Wirrwarr der Wirklichkeiten können wir auflösen, wenn wir stabil in unserem Selbstbewusstsein stehen und dem Hund eine eigene Wirklichkeit zugestehen.
Es bringt Licht in das Dunkel der Missverständnisse, wenn wir Menschen uns wie einen Planeten wahrnehmen und den Hund als einen anderen Planeten. Es kann eine Kommunikation und auch eine Manipulation zwischen beiden Planeten geben, aber das Leben auf den einzelnen Himmelskörpern lässt sich nicht austauschen. Das Ego des Menschen hätte es manchmal gerne, dass das Leben auf dem anderen Planeten genau so ist wie auf dem eigenen.

Du musst dir vertrauen, damit dein Hund dir vertraut!

WERDEN WIR KONKRET

Sie ist Anfang sechzig. Das Leben hat sie gezeichnet mit vielen Konturen, mit Schatten und mit Sonne. Sie ist ein höflicher, sehr intelligenter und feinfühliger Mensch. Ihr waches Auge und die differenzierte Wahrnehmung bringen Tiefe in jede Begegnung. Sie hat einen Hund. Mehr hat sie nicht. Es ist ihr zweiter Hund. Seither haben Verlust und Trauer ihr Leben geprägt. So kann das Leben einem Menschen mies in die Karten spielen. Schwer beladen mit dem eigenen Leben soll sie nun für das Leben einer anderen Persönlichkeit sorgen, es regulieren, fördern, lenken und halten. Gerade da im Leben, wo sie selbst Halt braucht. Ihr Leben und ihre Gefühlswelt sind meilenweit entfernt von dem Leben des kleinen Hundes. Dieser will Spaß, jagen, spielen und sein Ich zufriedenstellen. Sie braucht Ruhe, Nähe, Zuneigung, er braucht Aktivität, ein Regulativ und positive Energie.
Es gab Zeiten im Training, da sind wir nicht weitergekommen. Es war ihr nicht abzuverlangen, dass sie Grenzen setzt, so dringend ihr Hund das gebraucht hätte. In dieser Zeit haben wir versucht, das Regulativ in den Urlaub zu schicken und den Tagesablauf und das Management um diesen kleinen Wirbelwind so zu organisieren, dass Fehler vermieden wurden. Es war klar, dass das keine Strategie auf Dauer war, aber für eine kurze Zeit war es unser Anker. Der Austausch zwischen uns Menschen war sehr ehrlich und vertrauensvoll. Ich beschrieb ihr, warum ich diese Strategie wählte, und wenn es ihr besser ginge, würden, wir eine andere Richtung einschlagen. Wir arbeiteten mit einem Futterdummy das Apportieren, übten Bindungsspiele und sahen über Fehler hinweg. Ich wollte nur Zeit gewinnen und Fehler vermeiden. Der kleine Hund blieb konsequent an der Leine. Das half beiden, eine Struktur zu finden.

Sie brauchte die Zeit

Sie lernte, sich mit ihrer Welt auseinanderzusetzen. Dann gab es die Begegnung mit ihrem Hund. Sie lernt den Dialog ernst zu nehmen, ihre Gefühle bei sich zu lassen und direkt auf die Fragen ihres Hundes mit einer adäquaten Antwort einzugehen. Das machte sie stark, stark in einer schwachen Zeit. Sie lernte, sich zu organisieren, die Begegnungen zu strukturieren und ihre Auszeiten zu organisieren. Sie wurde zufriedener, stabiler. Er traute ihr. Das machte sie froh. Er folgte ihr. Das machte sie mutig.
Sie fand ihr inneres Gleichgewicht wieder und begann, mich zu fordern, dass wir den kleinen Hund nun ein bisschen regulieren sollten. Ihre Kraft blühte wieder auf und sie konnte ohne Emotionen, klar, sachlich und freundlich Grenzen setzen, dem kleinen frechen Hund ein Regulativ werden. Ebenso konnte sie ihrem geliebten Vierbeiner Komfortzonen bieten, durch die wiedergefundene echte Freude.
Häufig ist es das Management, das uns hilft, Struktur ins Leben zu bringen und damit auch Erfolg. Dem Erfolg folgt das Selbstbewusstsein. Unabhängig von der eigenen Lebenssituation dem Hund ein Regulativ darzustellen, dem Hund Spur zu geben, ist gar nicht so einfach, wie es sich hier schreiben lässt.

Hunde können uns stark machen

Sich seiner selbst bewusst sein, ein gesundes Selbstbewusstsein ist der Schlüssel zum Erfolg, denn nur mit diesem Gefühl für den eigenen Wert schaffen wir es, nicht gleich jeden Fehler auf uns und unser Ego zu beziehen. Und das Gute ist, unsere Hunde können uns auf diesem Weg sehr unterstützen. Sehr häufig erlebe ich, wie das wachsende Selbstbewusstsein den Menschen stärkt, zu führen, was wiederum den Hund bestätigt, zu folgen.

Gemeinsames Spiel, ...

... gemeinsame Spur, ...

... gemeinsames Glück!

EIN ANDERES BEISPIEL

Es sind ihre eigenen Welpen, Deutsch Drahthaar, eine stabile, jagdliche Linie. Viele Hunde hat sie bereits geschult, aber dieser Welpe, den sie sich aus dem letzten Wurf ausgesucht hat, war anders, als alle anderen. Sie behielt diese Hündin, die zart und beschützenswert zugleich schien. In den ersten vier Monaten war alles recht einfach, doch dann stieß sie auf Widerstand. Der Hund wollte nicht richtig an der Leine gehen, also ließ sie ihn frei. Die Hündin folgte ja prima der Mama. Sie wollte nicht ins Wasser, nicht durch Pfützen, nicht ins Auto. Sie mochte nicht alles essen und vertrug das Autofahren nicht. Es hörte sich für mich an, als wolle sie nicht in die Spur. Aber sie war unfassbar niedlich. Die junge Dame sah diesen mit Kindchenschema behafteten Hund an und konnte ihn nicht mehr regulieren. Sie knickte ein vor diesem feinen Wesen.

Was geschah mit dem Hund?

Die Hündin erlebte, dass sich ihr Widerstand gelohnt hat. Jedes Mal, wenn sie nicht durch die Pfütze wollte, nicht ins Auto wollte, etwas nicht fressen wollte, nicht apportieren wollte, gab der Mensch nach. Und der Erfolg führte dazu, dass die Hündin dieses Verhalten häufiger zeigte. Das Ganze wurde zum Teufelskreis. Die junge Dame traute sich nicht mehr, den Hund zu fordern. Zu sehr war ihre Sorge, dass der Hund überfordert wurde, er zeigte doch so schnell Widerstand und war nicht recht belastbar. Ihr Selbstbewusstsein knickte ein und sie verlor ihre eigene Spur.

Sein und Wirkung

Es wurde Zeit, dass sie Hilfe bekam und sich von Sein und Wirkung ihres Hundes distanzieren konnte. Sie musste ein neues Gefühl entwickeln für die Fragen, die sie ihrem Hund stellte, und zwar in Umfang und Intensität. Sie musste herausfinden, ob es zu viel verlangt war, wenn ihr Hund sie anschauen sollte, wenn sie ihn ansprach. Und sie konnte sich ein Bild davon machen, wann ihr Hund mit Abwehrverhalten und Wegdrängen Situationen löst, und ob das die richtigen Lösungswege waren oder nicht. Sie reduzierte die Fragen auf den kleinsten gemeinsamen Nenner. Das schlichte Reagieren auf den Namen ist nicht zu viel verlangt. Das Anbieten von mehr Raum, wenn er gefordert wird, ist immer möglich. Das Reagieren auf positive Energie ist ein Resultat der beiden zuvor gestellten Fragen. Sie erinnern sich an die ersten drei Säulen der HarmoniLogie®. Darauf hat sie ihre Fragen reduziert. Des Weiteren hat sie den Hund wachsen und mit der Zahnung fertig werden sowie eine innere Reife bekommen lassen. Wir Pferdeleute sagen immer: „Der muss erst noch mal auf die Koppel." Das bedeutet so viel wie: „Gib dem Kind noch Zeit zum Wachsen." Sie wurde selbstbewusster, als sie erkannte, dass der Blickkontakt als Minimum einer Beziehung möglich ist, und begann, ihn einzufordern. Der Hund bekam Spur und räumliche Orientierung. Das stärkte die Frau, das stärkte die Beziehung, das stärkte den Hund. Eine positive Spirale, so, wie wir sie im Training erzeugen sollten, damit das gegenseitige Vertrauen wachsen kann.

Wenn wir Menschen anfangen, uns selbst zu sehr infrage zu stellen, dann werden wir nicht in der Lage sein, dem Hund ein gutes und glaubhaftes Regulativ darzustellen. Man braucht nicht mehr, als kleine Fragen zu stellen und diese glaubhaft durchzusetzen, um das Selbstbewusstsein des gesamten Teams zu stärken. Dennoch appelliere ich an Ihre Fähigkeit, sich selbst zu reflektieren und Ihr Handeln zu hinterfragen. Suchen Sie den Fehler bei sich, in Ihrem Handeln. Und wenn Sie ihn nicht finden, dann suchen Sie weiter.

Welpen brauchen Liebe und mütterliche Empathie.

LEBENSSCHULE

Tierschule ist Lebensschule, denn wir hören nie auf, zu lernen. Man muss lieben können, halten und loslassen, regulieren und sich regulieren lassen, man muss wissen, wo es langgeht oder wo man hinwill, man muss sagen, was man meint, und meinen, was man sagt, man muss vorausschauend Verantwortung tragen, im inneren und äußeren Gleichgewicht sein, es zumindest immer wieder herstellen, man muss Pausen und Aktivität bestimmen und erzeugen können, und dann muss man wieder bereit sein, zu lieben. Es ist die Eigenverantwortung, die Sie in der Hand haben.

WELPENGLÜCK

Der Wunsch nach einem Welpen, nach dem gemeinsamen Start wohnt in vielen von uns. Zunächst sind sie ganz klein und niedlich.

Und sie brauchen einen sicheren Rahmen …

… ebenso wie etwas Spur.

Es fängt tapsig an. Kindchenschema und Schockverliebtheit. Sie riechen gut, fressen wenig und machen kleine Haufen. Nichts stört innerhalb der rosaroten Wolke, in der wir uns zu Beginn befinden. Ach, wenn das nur so bleiben könnte! Sie wollen nun endlich mit Ihrer Neuerrungenschaft raus, dem Hund die Welt und auch der Welt Ihren Hund zeigen. Schüchtern, verunsichert und vorsichtig tapst er hinter Ihnen her. Er weiß überhaupt nicht, wie ihm geschieht. Keine Mama, keine Geschwister, alles fremd. Ein Cocktail aus Angst und Neugierde.

URVERTRAUEN

Stolz und aufgeregt versucht der Mensch, mit dem erst 10 Wochen alten Baby die Siedlung abzuschreiten. Hier ein freudiges Hallo, da ein kleiner Plausch. Der Zwerg pendelt zwischen Interesse und Not hin und her. Getragen von der natürlichen Neugierde und einem scheinbar unerschütterlichen Urvertrauen geht er mit, er hat ja auch keine andere Wahl. Völlig erschöpft zu Hause wird er ins Bad gesperrt, für den Fall, dass er nachts muss. Allein, überfordert, erschöpft und einsam sitzt er da und weint sich in die Nacht. Mama, die Geschwister, alles, was seine Welt beschrieben hat, ist weg. Er schläft irgendwann ein. Er gewöhnt sich daran, allein zu schlafen, und auch an diese Ausflüge, an die Leine und das Halsband und beginnt, die Reize, die von außen auf ihn einprasseln, entweder auszuhalten oder ihnen so, wie es ihm in den Sinn kommt, zu begegnen. Dennoch ist es schwierig, auf diese Weise sozial kompatibel groß zu werden. Das Bindungssystem bekommt die ersten Kratzer und das Urvertrauen leidet.

Kurz gesagt: Sie müssen erst mit Ihrem Hund einen Clan bilden, bis Sie die Welt mit ihm erobern können. Und wenn Sie eine kleine, junge Kreatur aus einem anderen Clan zu sich nehmen, braucht es Zeit und viel Freundschaftspflege, bis Ihr Schutzbefohlener die Abenteuer der Außenwelt schadlos mit Ihnen überstehen kann. Das Bindungssystem ist durch den Transfer in die neue zweibeinige Familie etwas lädiert. Bauen Sie es erst auf und erobern Sie später die Welt. Dann, wenn er ihnen vertraut und Sie ihn sicher erreichen können.

GESCHÜTZTE RÄUME

Mein Vorschlag für diese erste Zeit ist: Nehmen Sie Ihren kleinen Schützling mit einem gewohnt riechenden Stück Stoff (Decke o. Ä.) mit nach Hause. Bleiben Sie im geschützten Raum und Rahmen, so lange, bis sich Rituale zwischen Ihnen und Ihrem Hund gefestigt haben. Gehen Sie an derselben Stelle im Garten mit ihm zur Toilette, geben Sie ihm pünktlich seine drei Mahlzeiten, locken Sie ihn mit einem verlässlichen Lockruf. Wir rufen unsere Welpen immer mit „Puppie, Puppie, Puppie", wenn wir sie zum Futter rufen, das hilft den Zwergen bei der räumlichen Orientierung, so lange der Magen noch größer ist als das Hirn. Bieten Sie ihm Entspannung, Lob- und Kuschelrituale. Den Auslauf, der wichtig ist, verschaffen wir dem kleinen Hund in reizarmer Umgebung. Kurz ins Auto, raus ins Feld und dann ein kleines bisschen laufen. Bitte auch das erst an der Leine, bis die Hilfen, Seite 18, fertig trainiert sind. Spielen und Toben können wir auch zu Hause. Das ist der Fahrplan bis zur 16. bis 20. Lebenswoche.
Und wenn Sie in dieser Zeit unbedingt spazieren gehen wollen, dann lassen Sie den Hund zu Hause.

Nestwärme und Komfortzonen erzeugen Bindung.

Clanbildungsmaßnahmen brauchen in diesem Alter noch keine atemberaubenden Abenteuer. Sie brauchen Schutz, Geborgenheit, soziale Fellpflege und den Beginn eines Regulativs. Suchen Sie sich ein reizarmes Ambiente für Ihre Ausflüge und geben Sie Ihrer jungen Beziehung Zeit zum Wachsen.

ÜBERFORDERUNGEN

Das Maß an Überforderung für Hund und Herrchen ist immens, vor allem für die soziale Komponente. Ebenso wie mit unserem menschlichen Nachwuchs verhält es sich auch mit dem Vierbeiner. Hunde kommen nicht wohlerzogen zur Welt. Erziehen passt nicht in die Öffentlichkeit. Jeder soll einen wohlerzogenen Hund haben, aber niemand darf ihn in der Öffentlichkeit regulieren, begrenzen oder begradigen. Und ehrlich, es macht auch Sinn, denn es kommt sehr schnell eine toxische Stimmung auf, die für den zu Regulierenden etwas Entwürdigendes haben kann. Das Erklären des Dialoges gehört in ein sicheres Umfeld, in dem Ruhe und Freundlichkeit herrschen und nicht auf die Spitze des Eisberges, wo der Wind der Verunsicherung die Antworten verwischt. Also legen wir die erzieherischen Strategien an heimische, ruhige Örtlichkeiten und erklären dem kleinen Kollegen hier die Wirklichkeit. Und genau das macht die HarmoniLogie®. Sie schult die Sprache, das Verständnis und das Vertrauen im sicheren Umfeld und geht dann mit dem gemeinsamen Dialog nach und nach gezielt in verschiedene Reizlagen. Am Ende wollen wir alle dasselbe: Spaß mit unseren Hunden. Wir wollen das Vertrauen im Team. Mit der HarmoniLogie® können wir diesen Spaß, dieses Vertrauen wirklich erreichen. Warum? Weil unsere Hunde gelernt haben, auf ihren Namen zu reagieren. Und das immer. Die Verbindlichkeit des Dialoges hat immer Vorfahrt. Was so viel bedeutet wie: Lektionen der äußeren Haltung sind für die Welpen nicht so wichtig. Wichtig ist der stabile Kontakt zum Hund durch die Ansprechbarkeit und die Möglichkeit, dem Hund überall Komfortzonen zu bieten.

Dem Welpen in der Freiheit einen sicheren Rahmen, und im sicheren Rahmen die Freiheit geben. Dann wird es gut.

BAUCHGEFÜHL

Vielleicht gehen Sie in eine Welpenschule, in der Sie lernen, den Hund mit Futter zu belohnen und nicht durch Streicheln. Sie lernen, Reize wegzufüttern, und nennen das positives Verstärken. Egal, ob der kleine Freund aggressives Verhalten zeigt oder nicht. Futter soll ihn locken. Im Kopf des jungen Hundes manifestiert sich also, dass Aggression gut schmeckt. Er lernt, auf der Spielwiese nicht mehr ansprechbar zu sein, und er lernt, Konflikte unter Umständen mit aggressivem Drängen/Bedrängen zu regeln. Nun wächst der Hund von Woche zu Woche und die Probleme wachsen mit. Als er ganz klein war, machte er Ihnen ständig Komplimente, schaute Sie an, tapste hinter Ihnen her. Nun ist er fast sieben Monate alt, kommt nur für Lohn und pöbelt gerne rum.

DAS VERTRAUEN VERKÜMMERT

Sie spüren, dass da etwas nicht stimmt, dass es anders sein müsste, aber trauen Ihrem eigenen Bauchgefühl nicht mehr. Sie lassen sich von außen steuern, fassen keine Beschlüsse mehr und werden immer unsicherer. Dabei haben Sie es in der Hand, wie Sie Ihren Hund beim Größerwerden begleiten möchten. Sie haben es in der Hand, ob Ihr Hund lernt, mit der Freiheit umzugehen und sozial kompatibel wird, und Sie haben es in der Hand, ob Ihr Hund jederzeit gesprächsbereit ist oder nicht. Sie sind Ihres Glückes Schmied. Es braucht Vertrauen, damit der Weg in die Freiheit funktioniert. Dieses Vertrauen muss wachsen, es muss erarbeitet und gepflegt werden. **Im sicheren Rahmen die Freiheit und in der Freiheit einen sicheren Rahmen schenken.** Das ist der Weg, der Vertrauen schafft. Auf beiden Seiten.

DIE GLÜCKSSCHMIEDE

Stellen wir uns vor, Sie wollen Glücksschmied werden und gehen in eine solche Schmiede zur Lehre. Dann lernen Sie erst einmal das Handwerk, und anschließend wird es zur Kunst. Um Glück zu produzieren, sollten Sie also die Werkzeuge gut kennen.

GLÜCK SCHMIEDEN MACHT GLÜCKLICH

Das sagt sich leicht und hört sich an, als könne man das Glück wie Eisen beliebig formen. Wenn man sich in der Schmiede auskennt, ist es auch leicht. Was aber, wenn man in diesem Handwerk fremd ist? Und nicht weiß, wie die Werkzeuge funktionieren?
Kommen Sie, wir gehen einmal gemeinsam durch den Tag, den Monat und das Jahr eines Glückspilzes. Ich lade Sie ein, gedanklich in meiner Glücksschmiede mitzuwirken. Vielleicht erkennen Sie einige Werkzeuge, deren Verwendung Ihnen bekannt vorkommen, und dann schauen Sie mit Ihrem eigenen Hund, an welcher Stelle Sie das Handwerk gezielt einsetzen können, um auch aus Ihrem Hund einen Glückspilz zu schmieden. Vielleicht haben Sie bereits viele gute Grundlagen und es geht ganz schnell, vielleicht auch nicht, dann lohnt es sich, das Handwerk des Glücksschmiedes gründlich zu erlernen. Hier lernen Sie das Schmieden, und wenn Sie sich sicher fühlen im Umgang mit den Werkzeugen, dann können Sie mithilfe Ihrer Fertigkeiten auch reparieren, sollte es notwendig sein. Wir besuchen nun die Stationen eines jungen Hundes, der den Weg zu uns fand.

DIE VISION

Zunächst einmal zu meiner Vision: Wir suchen einen Retriever, der gut zu unseren anderen Hunden passt, sportlich, leistungsbereit, belastbar ist, da wir ihn als sozialen Diensthund, Schulhund, exzellenten Apportierer und vielleicht auch für die Show ausbilden wollen. Jobprofil:

— sportlicher, gesunder Laufhund
— apportierfreudig mit der Begabung zum sozialen Diensthund und Jagdgebrauchshund
— intelligent
— bindungsfähig

MAI 2020

Geboren wurde der kleine Redfox Labrador in Hamburg bei meiner Freundin und Schülerin Alexandra. Die Mutterhündin sowie vier andere ihrer Hunde durfte ich im Training mit ihr bereits seit vielen Jahren begleiten. Daher kannte ich sie in- und auswendig und war sicher, dass es aus dieser Zucht einen Nachwuchshund geben sollte. Hier verbrachte er die ersten Wochen seines Lebens mit seiner Mutter, seinen Geschwistern und vielen hundeaffinen Menschen.

Ein Familienbild der besonderen Art.

Der Jo-Jo-Effekt bei der Begrüßung bedeutet …

… eine Sekunde Nasenkontakt, um diesen …

10. WOCHE

Mit 10 Wochen holten wir den kleinen Hund ab und nannten ihn Inspektor Barnaby. Als er bei uns war, bekam er ein Halsband angepasst, und wurde an einer Leine geführt. Die Integration in unser Rudel erfolgte behutsam und über mehrere Tage. Nach und nach lernte er in unserer Obhut alle Rudelmitglieder kennen. Dies steuerten wir über den Jo-Jo-Effekt in der Begrüßung (siehe Seite 124), bei dem wir ihn an der Leine hatten und einzeln die anderen Hunde Kontakt aufnehmen ließen. Eine Sekunde Nasenkontakt und dann haben wir den jeweiligen eigenen Hund wieder abgerufen, gelobt und wieder eine Sekunde Nasenkontakt, wieder abrufen und loben usw. Dadurch wird es dem Neuling nicht zu eng, die anderen Hunde lernen den Hin- und Rückweg und die gesamte Situation ist mit Ansprache und Lob gefüllt. Ein herrliches Ritual.

NIE ALLEIN

Er bekam von Anfang an über Nacht einen Platz vor meinem Bett und durfte so oft zum Kuscheln kommen, wie ihm danach war. Beim Essen hatte er ein Körbchen direkt neben meinem Stuhl, im Unterricht war er mit auf meiner Bank und kuschelte sich auf meinen Schoß. Er verbrachte den Großteil des Tages unmittelbar an meiner Seite oder war mit den verspielten Border Terriern zusammen. Er war nicht eine Minute allein.

Status quo

— exzellente Genetik
— exzellente Habituation
— exzellente Sozialisation
— zuckersüß
— nicht stubenrein
— kennt seinen Namen nicht
— nicht an Halsband und Leine gewöhnt

RITUALISIERTER TAGESABLAUF

Sein Tag hatte feste Zeiten. Um sechs Uhr raus aus den Federn, auf den Arm und schnell nach draußen zur Toilette. Danach kam des Labrador Schönstes: das Frühstück. Anschließend durfte er mit der ganzen Hundegruppe auf den morgendlichen kleinen Spaziergang in den Wald. Dabei war er an der Leine, und wenn er unsicher wirkte, auf dem Arm. Mittagessen gab es für den Inspektor um eins, danach Spielzeit mit Fuzzi und Sophie, den Terriern (vom Gewicht seine Kampfklasse und immer lustig) im Hundegehege, Kuscheln im Unterricht auf der Trainerbank, um 18 Uhr Abendbrot, um 20 Uhr letzte große Pipirunde und dann auf den Schoß. Um 24 Uhr schnell einmal raus und schließlich ab ins Körbchen vor dem Bett. Dem Tag eine feste Struktur zu geben, ist gewiss der erste wichtige Handgriff in der Glücksschmiede. Hier können Sie die Rituale Ihren Bedürfnissen anpassen. Hunde sind da sehr flexibel. Also entwickeln Sie Ihren Tagesplan so, wie es am besten für Sie passt.

... mit der ziehenden Hilfe zu lösen. Das entschärft Spannungen ...

... und deeskaliert. Es wird beliebig oft wiederholt.

DIE LOBBARKEIT UND DAS KOMFORTZONENTRAINING

Inhaltlich gab es für ihn nur die Ansprache über den konditionierten Lockruf „Puppie, Puppie, Puppie", den er von zu Hause mitbrachte. Damit konnten wir ihn gut orientieren sowie viele Streichel- und Lobeinheiten und seiner Größe angepasste Spielereien mit und ohne Gegenstand anbringen. Unterrichtsfach : Komfortzone. Seine zugewandte Art, sein Urvertrauen uns Menschen gegenüber waren zum Teil seiner Genetik geschuldet, aber auch das Resultat der liebevollen Aufzucht seiner Züchterin. Dieses Urvertrauen galt es, nicht nur zu erhalten, sondern weiter zu fördern.

DIE SINFONIE DER SPRACHEN

Wir spielten noch ganz zarte Töne in unserer Sinfonie, denn es ging erst einmal darum, ihm räumliche Orientierung zu geben. Demnach war die räumliche Sprache, nämlich die einladende Rückwärtsbewegung, unser Hauptsprachmittel, um ihn zu uns zu locken. Wir benutzten den Lockruf mit der leichten Rückwärtsbewegung. Er wurde immer wieder aufgefordert, auf unsere Scholle zu kommen, wir haben ihm Raum gegeben und noch keinen Raum gefordert. Da dieser Lockruf gut saß, brauchten wir ihn nicht mehr mit Futter zu verstärken. Die kleine Frohnatur ließ sich mit Leichtigkeit orientieren und suchte Kontakt zu uns.

14. WOCHE

Mit der 14. Woche begannen die Außenreize, stärker auf ihn einzuwirken. Er testete häufiger das Ende der Leine, baute Zug auf und reagierte auch nicht mehr umgehend auf den Lockruf. Er interessierte sich zunehmend für unsere Hühner und Katzen, die auf unserem Hof frei herumlaufen. Da er überwiegend an der Leine war, konnte ich ihn in diesen Situationen gut sichern, das Federvieh schützen und hatte so auch die Möglichkeit, ihm bald zu erklären, dass wir Hühner nicht jagen. Jetzt war der Zeitpunkt gekommen, wo das Hirn größer war als der Magen und das reelle Training beginnen konnte. Er war jetzt reif für den direkten Dialog ohne Konditionierungsreiz. Es wurde Zeit, ihn mit der ziehenden Hilfe und der Störbarkeit zu unterrichten. Er war bei uns angekommen, Teil des großen Clans und bereit für die Einschulung.

ANSPRECHBARKEIT UND STÖRBARKEIT

Die Rückwärtsbewegung und die Gestik kannte er aus dem Locken. Nun boten wir dieselben visuellen Hilfen an, also die räumliche und die leibliche Sprache waren identisch, nur dass wir nicht mehr „Puppie" sondern seinen Namen sagten. Sein Rufname sollte Barnaby sein. Ein Schritt rückwärts, weiche Achse, kurze Leine und „Barnaby". So sah das erste und wichtigste Werkzeug in seiner nun beginnenden Schulzeit aus. Bei Erfolg gab es ein lustiges, warmes und spielerisches Lob.

014
Zum Film: Barnaby als Welpe

Und was geschah, wenn er nicht reagierte? Dann blieb ich stehen und sagte „Nein, nein, nein" mit leiser und freundlicher Stimme und schüttelte die kurze Leine so aus, dass es ihn störte. So wie er sich umsah, ging ich einen Schritt rückwärts und lud ihn ein. (Sie erinnern sich an Plan A und Plan B?, siehe Seite 20) Das war sehr schnell erklärt und verstanden. Hier machte er die ersten Begegnungen mit dem begrenzenden Nein. Und damit, dass er, wenn er mir zuhörte und mit mir sprach, auch gehört wurde.

HUNDEBEGEGNUNGEN

Wir vermieden Kontakte zu fremden Hunden. Begegnungen mit fremden, meist übergriffigen Hunden können für einen so kleinen Hund Unsicherheiten, Konflikte und unnötigen Stress bedeuten, denen er vielleicht noch nicht gewachsen ist. Die kontrollierbare Begegnung mit bekannten Hunden hingegen ist notwendig. Wir haben selbst einige Hunde und sorgen sehr dafür, dass geregelter und friedlicher Hundekontakt ritualisiert stattfindet. Wenn Sie dieses Privileg nicht haben, dann versuchen Sie, Hunde in Ihrer Umgebung zu finden, die Ihnen vertraut sind und freundlich mit einem Welpen umgehen. Daraus entwickeln Sie eine sozial kompatible Hundegruppe für Ihren Schützling, die sich regelmäßig und häufig trifft.

HÜHNER, KATZEN UND CO.

Als die Werkzeuge Ansprechbarkeit und Störbarkeit fertig und bedienbar waren (die Lobbarkeit übten wir ja von früh bis spät und andersherum), widmete ich mich dem Federvieh und den Katzentieren. Hier benutzte ich den oben beschriebenen Jo-Jo-Effekt. Ich ließ den kleinen Kerl an der Leine zu den Tieren und gab seiner Neugierde nach. Er sollte ja lernen, mit all diesen Tieren hier auf dem Hof zu leben, ohne sie zu jagen oder zu meiden. Er zog also hin und nach einer Sekunde sagte ich leise und freundlich seinen Namen. Jetzt konnte er a) reagieren oder b) auch nicht. Wählte er a), gab es ein dickes Lob, entschied er sich für b), sagte ich mit kurzer Leine: „Nein, nein, nein", und wartete seine Reaktion ab. Blieb diese aus, dann schüttelte ich, so wie in der begrenzenden Störung beschrieben, die Leine etwas aus, bis ich eine Reaktion bekam. Dann ging es zurück in die Ansprechbarkeit. Das wiederholten wir einige Male. Eine Sekunde, und dann hatte er mich wieder in der Leitung und musste ansprechbar sein. Dieses Jo-Jo-Spiel spielte ich so lange, bis er die Tiere zwar anschaute, aber nicht mehr hinzog, um sie aufzumischen.

SCHMIEDEN MACHT SPASS

Es machte richtig Freude, diese Werkzeuge zu benutzen und meinem kleinen Helden so die Welt zu erklären. Er lernte schnell und wurde ein friedlicher Mitbewohner unseres Hofes. Er schenkte mir sein Vertrauen, genauso, wie ich begann, ihm zu trauen. Ich konnte mich mehr und mehr auf ihn verlassen.

Was haben wir nicht gemacht bis zu diesem Alter?

- Den kleinen Inspektor freigelassen
- Wurfspiele
- Das Erarbeiten von Körperhaltung über Futterkonditionierung
- Ihn für Fehler gestraft

Die Tür zum Menschen ist stets offen.

16. WOCHE

Schwierigkeiten
— Anspringen
— Zuschnappen im körperbezogenen Spiel
— Konzentration auf Außenreize

Mit 16 Wochen steckte er mitten in einem Wachstumsschub. Ein großer Bub wollte er werden, so wirkte es. Die Tageszeiten, Schlaf- und Ruheorte, die Leine und die sozialen Kontakte waren unverändert. Wir intensivierten das Training. Die ziehende Hilfe war bereits sehr gut, ebenso das begrenzende „Nein". Er lief schon recht gut an der Leine.

DIE TÜR ZU MIR IST STETS OFFEN

Anstrengend war, dass er uns ständig anspringen wollte. Da wir aber noch ab und zu Kritik für die Ansprache und die Leinenführigkeit brauchten, wollten wir hier keine Kritik investieren. Ziel war es, auf seinem Konto der Kritik immer ein Guthaben zu haben, und dafür brauche ich als Trainer einen guten Überblick. Wir versuchten, das Hochspringen zu verhindern, indem wir ihn mit den Händen unten hielten. Wichtiger als eine saubere Hose war uns ein lachender Hund. Er sollte wedeln und fröhlich sein, selbstbewusst und belastbar. Danach sortierten wir die Kritik und nahmen einige Fehler in seinem Verhalten geduldig in Kauf.
Außerdem ist die Tür zu mir immer offen, es ist mir sehr wichtig, dass die Hunde an keiner Stelle zögern, zu mir zu finden. Als Barnaby eines Abends bei der letzten Pipirunde an den Elektrozaun unserer Schafkoppel kam, raste er sofort zu mir. Er hat sich so schlimm erschreckt, dass auch mir das Herz sofort in die Hose rutschte. Ich hockte mich mit ihm an Ort und Stelle auf den Boden und hielt ihn so lange in meinem Arm, bis er sich beruhigt hatte. Diese Situation war schrecklich für ihn, aber auch etwas Gutes für unsere Beziehung. Denn sie hat bewiesen, dass ich bereits sein Zuhause bin. Und das gab uns Halt und Sicherheit, denn er hätte gewiss auch weglaufen können.

Das Einladen des Hundes ist wie der Weg nach Hause.

Mit Spiel und Spaß wird dieses Zuhause ein Genuss.

WIDERSTAND

Es gab da noch etwas anderes zu tun. Barnaby stammt zwar aus einer wunderbaren Zucht und hat von seiner Mama und seiner Züchterin einen sensationellen Start mitbekommen, aber er ist dennoch nur ein Hund. Ein Hund mit allen Möglichkeiten. Und genauso wie alle Hunde machte auch er von diesen Möglichkeiten Gebrauch. Im Alter von 17 Wochen versuchte er, innerhalb eines begrenzenden Leinenarrets sich frontal vor mich zu stellen und gegenzuhalten. Ich hatte zu diesem Zeitpunkt noch nicht mit Widerstand gerechnet, hatte es aber schnell erkannt. Mit seinen dicken Labradorbeinen stemmte er sich in Frontalstellung in den Boden, versteifte die Rute, das Maul war geschlossen, der Rücken war fest. Er hatte keinen Lidschlag und starrte mich mit aufgestellten Tasthaaren an. Es wirkte, als wollte dieser Dreikäsehoch mir zeigen, was er alles kann. Ich grinste, zugegeben etwas überrascht, und führte den Arret behutsam, aber konsequent so lange weiter, bis der kleine Inspektor den Druck aus der Leine nahm, anfing zu wedeln, das Mäulchen öffnete und weich wurde. Er versuchte, mir mit dieser Art der Abwehr noch ein paarmal zu begegnen, hatte damit aber keinen Erfolg.
Es gehört dazu, dass Hunde Widerstand leisten, dass sie nicht immer mit allem einverstanden sind, dass sie ihre Grenzen testen. Jeder meiner Hunde hat das an irgendeiner Stelle in seinem Leben gemacht. Manche mehr, manche weniger.

RUNTER VOM NEST

Mit der gelungenen Lobbarkeit konnten wir diese Situation gut beenden. Aber in meinem Kopf war abgespeichert, dass die Babyphase nun vorbei war und es Zeit wurde, diesen süßen kleinen Kerl etwas ernster zu nehmen. Es ist der Zeitpunkt, den wir Menschen nicht verpassen sollten, denn irgendwann müssen wir aufhören, unsere kleinen Hunde zu bebrüten, irgendwann müssen wir sie regulieren.

Leidenschaftlich spielen wir und nach und nach …

… erkläre ich Barnaby die Spielregeln, sodass …

… er weniger übergriffig wird und die Freude wächst.

DRÄNGEN/BEDRÄNGEN

Ausgestattet mit sehr viel Lebensfreude, Neugierde und Kraft eroberte Barnaby sich so nach und nach die Welt. Etwas peinlich war, dass er, ausgerechnet mein Hund, derjenige war, der sich bei dem Fotoshooting für dieses Buch am wenigsten benehmen konnte. Wenn er konnte, stürmte er das Feld und wirbelte alles durcheinander. Tja, dachte ich, der Schuster hat die schlechtesten Leisten … es reichte also nicht mehr, dass er ansprechbar und wedelig war. Ich musste ihn auch irgendwie bremsen können.

DAS „SITZ"

Wir übten also das Sitzen als erste Position, die ihm das Warten an einer Stelle ermöglichte. Da er diese Körperhaltung aus der ziehenden Hilfe bereits kannte, konnte ich das nutzen, um zu der Körperhaltung das Wort „Sitzen" zu sagen. Das konnte er nach ein paar Wiederholungen abspeichern. Zunächst sollte er sitzen, wenn ich mir die Schuhe zuband, dann, wenn ich ihn an- oder ableinen wollte, dann in Begrüßungen und später auch, wenn ich mit anderen Hunden arbeitete. Das waren bisher die einzigen wichtigen Begriffe in seinem Leben: sein Name und das Sitzen. Dafür konnten wir schon spielerisch apportieren, toll an der Leine gehen, waren stubenrein und immer erreichbar. Außerdem wedelte er den ganzen Tag und konnte mich unauffällig überallhin begleiten.

18. WOCHE

ÜBERGRIFFIGES SPIELVERHALTEN

Im körperbezogenen unterlegenen Spiel biss er noch viel in die Hände. Das war manchmal unangenehm. Ich wollte aber mit der Korrektur warten, bis ich das geometrische Nein, also das Raumfordern mit ihm arbeiten konnte. Der Zeitpunkt war mit der 18. Woche gekommen. Das begrenzende Nein war bereits gut verstanden, er wirkte in seiner Bindung zu mir sehr gestärkt und die Lobbarkeit war exzellent. Diese Grundvoraussetzung brauchte ich, um mit dem Fordern von mehr Raum zu beginnen. Ich suchte mir ein ruhiges Örtchen und begann mit der Übung. Mein eines Bein blieb ruhig in der Mitte stehen und in der jeweiligen Hand hielt ich auch die recht kurze Leine. Nach ertöntem Störsignal forderte mein anderes Bein vorsichtig mehr Raum, sodass mein Schützling etwas ausweichen musste. Bereits bei dem ersten Versuch, mehr Raum zu bekommen, stemmte er sich dagegen. Gut war, dass ich nur weiterfragen brauchte, also eine ruhige Bewegung in seinen Tanzbereich hinein, um den Widerstand aufzulösen und gegen ein Angebot zu tauschen. Er schaute mich sofort an, ging dann einen Schritt zur Seite und begann zu wedeln. Hunde, die in gesunden Hundegruppen groß werden, kennen von ihren hündischen Freunden das Raumfordern in- und auswendig. Es ist demnach gar nicht neu und schwierig, wenn nun der Mensch diese Frage stellt. Dann wissen sie umgehend die richtige Antwort auf diese Frage. So konnte ich sehr schnell nicht nur mehr Raum fordern, sondern war auch bald in der Lage, die Richtung zu beeinflussen, in die er ausweichen sollte, also mit oder gegen den Uhrzeigersinn. Hier haben der Inspektor und ich bereits das erste Mal gemeinsam über die stille Dominanz der räumlichen Organisation der körperlichen Sprache gesprochen. Und er hat es verstanden.

DIE SPIELREGELN ERKLÄREN

Mithilfe der geometrischen Störung konnte ich also bei Übergriffigkeiten innerhalb des Spielverhaltens einfach etwas mehr Raum fordern und dann fröhlich weiterspielen. Ihm also die Spielregeln erklären, sodass er über die räumliche, akustische und leibliche Sprache verstand, dass Spielen Spaß macht, aber sein Mensch dabei mehr Platz braucht. Nach und nach wurde das Spielverhalten harmonisch und schön.

SEIT ACHT WOCHEN

Seit zwei Monaten lebt dieser kleine Hund nun in unserer Familie. Eine kurze Zeit, die einem vorkommt, als hätte es ihn schon immer gegeben. Dennoch war er innerhalb dieser Zeit fast ausschließlich an einer Leine. Im besten Fall wird dieser Hund mindestens 15 Jahre alt werden. Mein Ziel ist es, dass er frei bei uns lebt. Solange er aber noch nicht aus eigener Verantwortung die Nähe zu mir einhält, also seinen Raum respektiert, liegt dieses Ziel in weiter Ferne. In dieser ersten Zeit können wir Menschen unsere Ungeduld fast nicht zügeln und überschätzen uns und unseren Hund. Wir muten uns als Team oft zu viel zu. Es passieren Fehler, die der Hund später mit dem Beschneiden seiner Freiheit bezahlen muss. Denn ein Hund, der gelernt hat, jagen zu gehen, übergriffig zu sein oder in Reizlagen offline zu geraten, wird lebenslänglich an einer Leine sein müssen. Ich baue die Hunde anders auf. Ich gebe ihnen erst die Sicherheit, den Raum, den Rahmen. Ich gebe ihnen ein Verständnis von Zuhause und Heimat. Und wenn ich sie immer erreichen kann, sie gerne zu Hause sind, dann gebe ich ihnen die Freiheit.

DER FREIE ANSCHLUSS

Barnaby war und ist ein extrem bindungsfähiger Hund. Er sucht ständig meine Nähe, meinen Körperkontakt und tut alles dafür, um bei mir zu sein. Im Haus ist er mein Schatten. Ich kann nicht einmal vom Tisch aufstehen, um zu einem Schrank zu gehen, ohne dass er mitwill. Ich lasse das zu und freue mich über die Bindungsarbeit, die er leistet. Ich weiß, dass Hunde, je älter sie sind, ruhiger werden und nicht mehr jeden Schritt mitmachen, den ihr Mensch tut. Aufgrund dieser starken Bindungsfähigkeit beginne ich, auch draußen den freien Anschluss zu üben. Mein Ziel ist, dass er mich überallhin ohne Leine begleiten kann. Zuerst übe ich in einem sicheren, gewohnten Ambiente. Zum Beispiel bei meinen morgendlichen Stallarbeiten. Zwölf Pferde füttern heißt zwölfmal Boxentür auf, Futter geben und Boxentür zu, ohne dass der Inspektor auf eigene Wege gerät. Das ist schon anstrengend für den kleinen Mann, denn er muss immer auf mich achten, auch wenn da Katzen und andere Hunde herumsausen. Da er bislang bei diesen Tätigkeiten mit der Leine gesichert war, sind ihm die Abläufe bekannt. Ohne Leine fehlt ihm der sichere Raum. Und den kenn-

Sucht der Hund meine Nähe und baut Bindung auf, …

… erwidere ich dies und gebe ihm ein liebevolles Feedback.

Der Grinsehund zeigt mit weichem, aktivem Körper eine Spannung in der Leftze aufgrund seiner positiven Energie.

zeichne ich ihm durch die Störbarkeit. Ich warte also während meiner Tätigkeit ab, bis er den Raum verlassen will, und störe ihn dann mit dem „Nein, nein, nein". Daraufhin wendet er sich zu mir, schaut mich an und wartet. Jetzt lade ich ihn ein und lobe. Unfassbar schnell hat er das verstanden und gab mir die Sicherheit, ihn auch schon mal auf den Spaziergängen freizulassen. Ich habe immer eine Leine dabei, und wenn ich mich nicht auf ihn konzentrieren will oder kann, dann mache ich ihn einfach an die Leine und gebe ihm und mir Sicherheit. Der freie Anschluss wird nicht über das Zurückrufen des Hundes erarbeitet. Dann würde der Hund nur lernen, dass ich die Verantwortung für Nähe und Distanz habe und ihn rufe, wenn es mir zu weit ist. Der freie Anschluss bedeutet, dass der Hund die Verantwortung für Nähe und Distanz übernimmt und lernt, darauf zu achten, nicht zu weit von mir wegzugehen. Im Fall des Inspektors durfte er einen Raum von zwei Meter Radius beschreiben, das sind vier Meter Durchmesser, die wie ein Lichtkegel um mich herum einzuhalten sind. Also störe ich den Hund bei Erreichen der imaginären Grenze konsequent und lade ihn dann fröhlich ein. So lernt er die Grenze seiner Heimat und das Wohlempfinden seines Zuhauses kennen.

DER GRINSEHUND

Barnaby ist ein Grinsehund. Vor Aufregung, Erregung oder Anspannung kann er eine Spannung in der Lefze bekommen, so, dass diese sich nach oben kräuselt und es wirkt, als würde er grinsen. Er wedelt dann wie verrückt in der Waagerechten, hat einen weichen Rücken, eine Ballen-Zehen-Fußung, einen nach hinten gezogenen Lidschlitz und zeigt die Zähne. Nein, das ist kein Zähnefletschen mit aggressiver Spannung wie im Drohverhalten. Es ist ein Grinsen. Und genau dieses Grinsen zeigte er auch im geometrischen Nein. Ich musste mich richtig konzentrieren, um nicht vor Lachen abzubrechen. Grinsehunde haben einen besonderen Charme und das wissen sie auch.

20. WOCHE

Status quo

- Sehr gute Ansprechbarkeit
- Sehr gute Lobbarkeit
- Begrenzendes Nein wird gut akzeptiert, gute Leinenführigkeit
- Räumliche Störung wird gut akzeptiert, gutes Einhalten der Spielregeln
- Erstes Reizlagentraining mit Jo-Jo-Effekt war erfolgreich
- Das Sitzsignal ist erklärt

Schwierigkeiten

- Starkes Drängen/Bedrängen bei Futterreizen
- Eingeschränkte Leistungskurve in der Konzentration
- Kann nicht gut warten

DAS KRAFTPAKET UND DIE ABLAGE

Mit fünf Monaten ist Barnaby ein rechter Brecher. Er strotzt vor Kraft. Seine Tagesrituale erleben schon ab und zu Veränderungen, wie zum Beispiel längere Autofahrten, fremdes Ambiente, gezielte Reizlagen. Die Leine ist immer noch gerne eine stabile Verbindung in Situationen, die uns neu sind. Es ist an der Zeit, dass er das Hinlegen lernt. Das macht mir das Leben leichter, denn dann kann ich ihn parken und etwas anderes machen. Er lernt es aus dem Sitzen mit einer sanften Nackenpressur. Ich hocke mich neben ihn und halte mit der einen Hand das Halsband. Mit der anderen streichele ich ihn und sage das Signal: „Leg dich bitte." Er schaut mich an, als wolle er fragen: „Kann man das essen?" Es ertönt ein leises „Nein" und Zeigefinger und Daumen erzeugen eine leichte Pressur vor den Schulterblättern, genau da, wo das dicke Nackenband ansetzt. Nicht, um ihn herunterzudrücken, sondern um zu erzeugen, dass er ausweicht. Es wundert mich nicht, hier auf einen alten Bekannten zu treffen, nämlich den Widerstand wie beim Leinenarret und dem geometrischen Nein. Umso besser, dass ich es nun anspreche und mit dieser Lektion auch in der Lage bin, sein inneres Lernmuster etwas aufzuräumen. Mein Ziel ist vornehmlich, dass er nicht so dreist mit Abwehrverhalten kontert, sondern auch hier nach einer offenen Tür sucht und mir mit freundlichen Versuchen entgegentritt. So auch in der Ablage. Es geht mir hier nicht darum, dass er sich sofort hinlegt, sondern dass er nachgibt. Und nachgeben lohnt sich. Sobald er auch nur einen Zentimeter weicht, wird er sofort gelobt. Es dauert genau zwei Tage und er hat die Bewegung in die Ablage gefunden. Und nun wird es noch ein paar Tage dauern, bis er sie auch überall und ohne Hilfe ausführen wird. Aber es wird einige Wochen und etliche Wiederholungen brauchen, bis mein Inspektor bereit ist, die Ablage immer und überall zu zeigen. Ich verstehe, dass dieser junge Hund einen starken Charakter hat und eine gute, klare Führung braucht. Für die Lektionen kann ich mir Zeit lassen, für die Abwehr nicht. Wir integrieren dieses Training in das Spielverhalten und so macht es ihm bald sichtlich Freude.

DER WEG VON DER INNEREN ZUR ÄUSSEREN HALTUNG

Das Apportieren hingegen ist sein Liebstes. Er nimmt jeden Gegenstand und lässt sich überall zu einem kleinen Spiel auffordern. Allerdings will er ihn nicht bringen, sondern lässt ihn lieber vor mir fallen, damit ich ihn wieder lebendig mache.

Die Kraft, Freude und Intelligenz dieses Hundes …

Da hat er die Rechnung ohne die Schulleitung gemacht. Ich nehme ihn an eine kurze Leine und übe das objektbezogene unterlegene Spiel. Er nimmt den Gegenstand wie eine Schnappschildkröte und dann helfe ich ihm mit der räumlichen und leiblichen Sprache (das kennt er aus der ziehenden Hilfe) in meine Richtung, sage aber nicht seinen Namen. Denn es wirkt, als würde er mit der Antwort auf den Namen nicht auch gleichzeitig den Gegenstand im Maul halten können. Kurze Leine, einen Schritt rückwärts, er folgt, ich nehme den Gegenstand ab, bevor er ihn fallen lässt, und dann die ziehende Hilfe. Da kommt er ganz nah und setzt sich mustergültig vor mich. Toll gemacht, und rein positiv aufgebaut. Das bringt beiden Spaß und Motivation. Nun sage ich zu meiner Rückwärtsbewegung einfach das Signal für das Holen. Und schon verknüpft er, dass das Spiel sehr viel Spaß macht, wenn er den Gegenstand bei mir abliefert, denn dann geht es gleich weiter. So findet er langsam zur korrekten äußeren Haltung, denn er soll bei all dem Spaß beim Apportieren auch korrekt arbeiten. Ordentliches Aufnehmen, ohne zu knautschen, zügiges Bringen und korrektes Vorsitzen in der Übergabe. Wir bauen das immer schon in der Basis mit ein.

DIE GEOMETRIE DER SPRACHE UND DER WEG ZUM FOKUS

Barnaby hat durch das geometrische Nein bereits gelernt, meinem Körper Raum zu geben, wenn dieser welchen fordert, mehr noch, er hat auch verstanden, innerhalb des Raumgebens auch Kontakt zu mir aufzubauen und dabei fröhlich und entspannt zu sein. Meine Achse hat ihm demnach in die Lösungen geholfen. Ebenso findet er im Rahmen des Apportierens die Lösung immer vor meiner Achse. Und nun bin ich bereits in der Lage, genau diesen Vorgang zu nutzen und das einfache Fokussieren zu erklären. Mit dem einschrittigen Einladen ziehe ich den jungen Hund ganz dicht vor mich. Hinter meinem Rücken werfe ich einen Gegenstand weg.
Dann drehe ich mich um die eigene Achse und beginne, mich auf den Gegenstand zu konzentrieren. Es dauert nicht lange und er schaut genau dorthin, wo ich hinschaue. In seinem kleinen Körper entsteht eine Spannung. Den will er! Und nun halte ich ihn etwas am Halsband fest und sage leise: „Fokus". Dieses neue Signal soll ihn auffordern zu „spotten", also genau dorthin zu schauen, wohin ich schaue. Die Spannung in ihm steigt. Jetzt braucht es nur noch ein „Nimm" und

… spielerisch in die richtigen Bahnen zu lenken, …

… das ist ein wunderbares Ausbildungskonzept.

Orientieren statt kritisieren – und die Hunde in dem fördern, was sie gerne tun.

er fliegt förmlich in die Lösung und bringt mir umgehend das Objekt der Begierde. Nun gehe ich wieder einschrittig rückwärts und lasse mir den Gegenstand mit der räumlichen und leiblichen ziehenden Hilfe entgegenbringen, untermauere sein Folgen jedoch mit dem Signal für das Holen.

SCHWARZE ZAHLEN AUF DEM KONTO DER KRITIK

Der gesamte Schulungsprozess kommt ohne Kritik aus. Die dreidimensionale Sprache hilft dem Hund in jedem Moment, Orientierung zu finden, und somit auf vollen Erfolgskurs. Ich versuche, Fehler zu vermeiden, meinem kleinen Freund die Lösung nahezulegen und ihn schnell und konsequent Erfolg haben zu lassen. Ich will, dass er für die Arbeit brennt. Das ist in jedem Fall ein gutes Rezept für gemeinsames Glück.

Status quo

- Sehr gute Ansprechbarkeit
- Überall lobbar
- Das geometrische Nein
- Das begrenzende Nein
- Ins Auto einsteigen
- Leinenführigkeit
- Sitzen
- Hinlegen und liegen bleiben
- Das Apportieren mit den Signalen „Nimm", „Holen" und „Danke", „Bring zu" und den einfachen „Fokus"
- Das Training am Fahrrad über 3 km bei 9 km/h
- Ins Wasser springen und zu mir schwimmen

Jetzt steigt er in die finale Wachstumsphase ein. Die Knochen, die Muskeln, der Kiefer, die Fruchtbarkeit. Eine Zeit, in der so ein junger Hund schnell überfordert werden kann. Es gibt Tage, da hat er schulfrei und wir leben nur miteinander, spielen und kuscheln viel. Er braucht Zeit und geregelten Input. Die erste pubertäre Phase steht vor der Tür und wir vermeiden schwierige Fragen, neue Lektionen und somit jede Form der Überforderung. Dafür verbringen wir die Zeit lieber mit seiner sportlichen Entwicklung.

SPORT UND SPUR

Wichtig sind die körperliche Auslastung, gesunder Muskelaufbau und bereitwilliges Spurhalten. Wir fahren jeden Tag mit dem Rad. Eine ruhige Geradeausbewegung bei 9 bis 12 km/h. Das ist wie Joggen. So kann er die Muskeln aufbauen, die er braucht, um seine Gelenke zu stützen und gesund groß zu werden. Mit einer vielseitigen gesunden Ernährung wird er bestmöglich unterstützt. Aber wir halten ihn schlank, wofür unser Labrador wenig Verständnis zeigt.

DES LABRADOR SCHLIMMSTES

Dennoch geschieht nun auch in seinem Leben eine schwierige Veränderung. Wir reduzieren die Anzahl der Mahlzeiten von drei auf zwei. Es gibt Rituale im Leben eines Hundes, die sollten aus seiner Sicht einfach nie enden.
Durch das Sporttraining ist er jeden Tag ausgelastet und froh, durch das Apportiertraining kommt er in die Spur und ist zufrieden, durch die Ansprache und den Körperkontakt wächst sein Herz. Und während ich das hier schreibe, liegt sein Kopf auf meinem Schoß. Ach Barnaby, du bist ein Glückspilz und machst das Beste daraus! Dennoch gibt es auch kleine Schwierigkeiten, denen wir mit großer Sorgfalt begegnen werden.

DAS MANAGEMENT

Es ist das Management, das den Umgang mit diesem und auch mit den anderen Hunden so leicht macht. Ein strategisch durchorgansierter Tag gibt uns allen Halt, damit weder ich noch die Hunde unter Stress geraten.
Zum Management gehört der Überblick über die Fehlervermeidung. Es gibt viele Dinge, die Menschen machen, weil Menschen sie machen. Und niemand stellt es infrage. Wurfspiele zum Beispiel. Am besten mit einer Wurfkelle. Und dann soll der kleine Hund hinterhersausen. Full Speed bremst er auf den noch nicht stabilisierten Gelenken ab. Die Wachstumsfugen der Gelenke schließen sich erst nach dem 8. Lebensmonat. Die Gefahr, den jungen Hund auf diese Art und Weise körperlich zu ruinieren, ist recht hoch. Das Laufen am Rad jedoch bei 9 km/h ist eine langsame Geradeausbewegung, bei der die Gelenke keinen Druck bekommen. Das wiederum kann das Wohlempfinden inklusive Langlebigkeit steigern. Außerdem schult es nicht den Jagdtrieb, sondern das Spurhalten.
Wo können Sie einsteigen in diese Glücksschmiede? Ist es die Ansprechbarkeit oder die Lobbarkeit, die Ihnen noch fehlt? Vielleicht ist es die Akzeptanz der Hilfen? Vielleicht sagen Sie an der richtigen Stelle das Richtige, fordern aber nicht konsequent die Antwort auf die aktuelle Frage ein. Es liest sich so leicht, wenn ich Ihnen erzähle, dass die Ansprechbarkeit funktioniert. Gemeint ist damit, dass mein Hund tatsächlich sofort und prompt, mir voll zugewandt auf seinen Namen reagiert. Und das immer. Tut Ihrer das auch? Wenn nicht ganz, nehmen Sie sich die Zeit und üben das erst einmal, bevor Sie da einsteigen, wo Sie gerne einsteigen würden, nämlich beim Apportieren oder Fahrradfahren. Vielleicht fehlt der Mut, den Hund körperlich auszulasten und trotzdem in der Spur zu halten? Ist es Ihr Management, das zu viele Türen offen lässt? Entwickeln Sie Ihren Hund fehlervermeidend und positiv oder überfordern Sie sich und Ihren Hund mit schwierigen Körperhaltungen und übersehen dabei die innere Haltung Ihres kleinen Freundes?

BARNABY WIRD EIN HALBES JAHR

Unfassbar, wie schnell die Zeit vergeht, unglaublich, wie schnell diese kleinen Hunde wachsen. Sein Wachstum macht Pause. Das erkenne ich vor allem daran, dass er bei derselben Ration etwas an Gewicht zulegt. Dies wird nur eine kurze Pause sein, denn er hat nur noch bis zum 8. Lebensmonat Zeit, den Rest seines Astralkörpers zu erschaffen. Also nutze ich diese Zeit, um seinen Geist etwas zu fordern. Wir beginnen mit dem Merken und der Suche. Im Merken hat er eine 4– und in der Suche auf Anhieb eine 1+. Also stelle ich die Suche wieder ein und er bekommt Nachhilfe im Merken. Das Merken und die Suche habe ich in meinem Buch „Wenn Hunde lachen" eingehend beschrieben und werde es hier nur kurz anreißen. Im Merken lege ich mit dem Hund gemeinsam verschiedene Gegenstände aus. Jeder Gegenstand wird mit dem Signal „Merken" markiert. Alle Gegenstände befinden sich vor meiner Achse, wenn ich den Hund losschicke, um sie einzusammeln.

015
Zum Film: Barnaby und das Merken

Dabei ist die Reihenfolge, in der er sie holt, egal. Zu Beginn nehme ich zwei bis drei Gegenstände, je nach Konzentrationsfähigkeit. Er soll selbst denken und aus eigener Kraft die Lösung finden. Und hier hat sich der kleine Inspektor immer vertüddelt. Er war so begeistert von dem ersten Gegenstand, den er hatte, dass er einfach durcheinanderkam, wo noch welche liegen sollten. Es hat fast eine Woche gedauert, bis er zu einer inneren Ruhe gekommen ist, um sich alles zu merken, und wir haben die Anzahl der Gegenstände auf zwei minimiert.

UNEHRGEIZIG, ABER ZIELSTREBIG

Ich habe ein Ziel vor Augen mit diesem Hund, aber keinen Zeitplan. Es ist egal, wann er wie weit ausgebildet ist. Wichtig ist mir, dass er die Dinge, die er tut, mit Freude tut. Dass ich ihn für seinen Job begeistern kann. Er soll brennen für die Familie, für mich, für unsere Aufgabe. Er soll mich verstehen und mir vertrauen. Ich würde mich sehr freuen, wenn er mein Freund wird. Wie lange das dauert, ist mir erst einmal nicht wichtig.

Das geregelte Apportieren gibt dem Hund viel Spur und Auslastung.

Status quo

— Wir können noch kein „Bei Fuß".
— Wir waren noch nicht in einer Stadt.
— Wir sind noch nicht mit der U-Bahn gefahren.
— Er kann noch nicht lange liegen bleiben und auf mich warten.
— Er kann sich nur drei Gegenstände richtig gut und zuverlässig merken.
— Mit der Nase findet er alles.
— Er hat ein unkultiviertes Fressverhalten. Ich habe noch nie einen Hund so schlingen sehen.
— Er behält seine Anhänglichkeit und Kuscheligkeit wie am ersten Tag.

Schwierigkeiten

— Er beginnt, in fremden Situationen eine Spannung aufzubauen.
— Er nimmt nicht mehr jeden Gegenstand.
— Er wird distanzlos im Spiel mit anderen Hunden.
— Er stellt meine Ansprache infrage.

Schon sehr früh beginnen wir, den Horizont beim Apportieren zu erweitern und arbeiten mit unterschiedlichen Gegenständen.

SEINE BASIS IST GUT

Je stabiler das Fundament, umso größer das Haus darauf. Wir haben ein eindeutiges sprachliches System, der Inspektor und ich. Die räumliche, die leibliche und die akustische Sprache geben ihm dieselben Informationen. Und, ich bin ihm ein Zuhause. Das ist der Teil, den ich zu seinem Vertrauen beitragen kann. Er lernt, mir mit Angeboten entgegenzutreten, online zu sein und freundlich. Den Rest werden wir in den kommenden Monaten regeln. Mit einem halben Jahr ist er vergleichbar mit einem jugendlichen Menschen.

BARNABY ALLEIN ZU HAUS

Langsam beginne ich mit dem Training, dass er auch einmal für einen Moment allein sein kann. Er ist hier zu Hause, nichts ist ihm fremd. Also lasse ich ihn für einen Moment allein in der Küche, in einer Pferdebox oder im Auto. Ich bleibe unbemerkt in seiner Nähe, um zu überprüfen, wie er es meistert. Er macht es gut. Sehr selbstverständlich und selbstbewusst ruht er und scheint darauf zu vertrauen, dass ich bald wieder da bin. Und so ist es auch.

SPANNUNG GEGENÜBER FREMDEN MENSCHEN UND HUNDEN

Mit seiner neu entdeckten Unsicherheit befasse ich mich intensiv. Wir schaffen Reizlagen, die sein vegetatives Nervensystem anregen, und er schnell eine Bürste aufstellt oder anfangen möchte, zu knurren. So zum Beispiel bei Gästen, die plötzlich ins Haus kommen, oder bei fremden Hunden. Genau dann habe ich ihn an der Leine und sage freundlich seinen Namen. Nun kann er sich mir zuwenden und freundlich wedeln, oder nicht. Bei „nicht" beginne ich mit der begrenzenden Störung, bis er Kontakt zu mir aufnimmt, und dann wird tüchtig gespielt und gelobt. Zudem nutze ich jeden, der nicht schnell genug wegläuft,

Um den Hund in Reizlagen kotrollieren zu können, …

… macht es Sinn, kontrollierbare Reizlagen zu schaffen.

für ein kleines „Bring zu". Hier bitte ich meinen kleinen Hund, mit einem Gegenstand zu der fremden Person zu gehen, um ihn dort abzuliefern. Das entschärft jede Spannung und verwandelt sie in Freude. Ein Trick, der immer funktioniert.

POSITIV

Tatsächlich gibt es nur eine einzige Situation, in der ich bereit bin, Barnaby wirklich zu kritisieren. Und das ist, wenn er versäumt, auf mich zu reagieren. Und das kann schon mal passieren, vor allem bei einem Pubertätsmogler wie diesem kleinen Kraftprotz. Und genau darauf konzentriere ich mich von nun an. Es wirkt auf mich, als wäre es an der Zeit, Pause zu machen, Pause von neuen Lernstoffen, Pause von der Schule zum schlauen Hund. Mir scheint, als ob er Wachstumsschmerzen in den Knochen hat, dass sein Kiefer gerade nicht gut die großen Dummys nehmen kann, mir scheint nicht, dass er es nicht will. Also suche ich für ihn nur kleine, weiche Gegenstände heraus, mit denen es viel leichter geht. Keine Sorge, dieser Hund wird später alles für mich transportieren, was ich mir wünsche. Er braucht nur Zeit.

WAS PASSIERT IN IHRER SCHMIEDE?

Wie gut kommen Sie voran? In den meisten Fällen haben viele Menschen gute Grundlagen mit ihrem Hund, positive Ansätze und auch eine gute Struktur. Meistens liegen die Fehler in der mangelhaften Akzeptanz der Hilfen, also ganz vorne in der Ausbildung, denn hier geht es um das richtige Erarbeiten und Einsetzen der Werkzeuge. Da fällt es den Menschen schwer, auf die Ansprechbarkeit zu bestehen, oder sie stören nicht bis zu einer aktiven Veränderung, dafür wird aber auch nicht gelobt, bis das Lob wirkt. Schauen Sie genau hin, ob das des Pudels Kern ist. Eine andere Fehlerquelle finden wir in der Freiheit, die die Menschen ihren Hunden geben wollen, ohne sicher zu sein, dass sie ihren Hund wieder online bekommen. Kann das auch bei Ihnen der Fall sein?

RÜCKWÄRTS RECHNEN, UM VORWÄRTSZUKOMMEN

Wollen Sie Ihr Glück schmieden, dann lernen Sie rückwärts zu rechnen und dort wieder einzusteigen, wo Sie den Kontakt verloren haben. Trauen Sie sich, auch drei oder vier Schritte in der Ausbildung Ihres Hundes rückwärtszugehen und drücken Sie einmal auf Reset. Überprüfen Sie Ihre Sprachhygiene, die Akzeptanz der Hilfen und gestalten Sie das Management um Ihren Hund so überschaubar wie möglich. Geben Sie Ihrem Hund Sicherheit und Vertrauen, dass Sie das, was Sie sagen, auch meinen. Lassen Sie Ihren Hund im sicheren Rahmen der Leine, geben Sie ihm hier das Gefühl, zu Hause zu sein, und wenn dieser Rahmen leicht und gut ist, dann gehen Sie erst die nächsten Schritte, im Sinne Ihrer individuellen Ausbildung.

So kann ich dem Hund Lernerfolge garantieren.

8. MONAT

KRAFT

Er kann vor Kraft kaum gehen, so protzt er daher. Ein rechtes Kalb ist er geworden. Elegant sieht er aus, schlank und stark. Er glänzt. So gerne schaue ich ihn an, berühre ihn und bin ständig mit ihm zusammen.

Status quo

- Stattlicher Familienhund
- Recht leicht und sicher erreichbar
- Sehr gut leinenführig, auch am Fahrrad (zumindest, wenn ich ihn an der Leine habe)
- Er wedelt und lacht sehr gerne.
- Er zeigt Widerstand im Hinlegen, wenn die Reizlage höher wird.
- Die Spannung fremden Menschen gegenüber ist noch nicht gänzlich gelöst.
- Das Nehmen der Gegenstände wird wieder zuverlässiger.

Schwierigkeiten

- Er benimmt sich wie eine Bowlingkugel innerhalb der eigenen Hundegruppe.

Ich habe es gehört. Ich habe gehört, dass ich ihn angeschrien habe. Das Schreien erstaunt mich. Das gehört nicht zu meiner Person. Was war los? Da hat der Inspektor auf unserem kleinen Spaziergang einfach Gas gegeben und ist wie eine Bowlingkugel durch meine Border Collies gesemmelt. Anders kann man es nicht sagen. Er hat sie über den Haufen gepflügt. Komisch nur, dass er im Wald nicht auch in Höchstgeschwindigkeit gegen die Bäume brezelt. Da hat es geschrien in mir und aus mir heraus. Ich weiß auch, dass das nicht hilft, aber es hat mich wach gemacht. Leine raus, den Inspektor dran und erst einmal zur Ruhe kommen. Meine Hunde spielen viel miteinander, aber immer so, dass ich sie jederzeit unterbrechen kann. So kann ich coachen, wenn es zu übergriffig wird, und abbrechen, wenn es meiner Ansicht nach nicht mehr gesund ist. Und das hier war eindeutig zu viel. In dieser Geschwindigkeit kann ich ihn weder ziehend noch störend erreichen. Ein Bodybuilder, der wie ein Stuntman seine Artgenossen mit einem Bodycheck zu Boden reißt, das passt hier nicht hin. Was tun?

REIZANGEL

Ich brauchte also einen Reiz, den ich dosieren konnte. So nahm ich meine Longierpeitsche, band einen Ring dran und habe mit ihm das Apportieren mit Bewegungsreiz geübt. Toll fand er das, Feuer und Flamme war er. Das war seine neue Lieblingsübung. Und nun ging es an die Impulskontrolle. Liegen bleiben und erst auf das Signal los oder aber losschicken und mittendrin, wenn es am schönsten ist, wieder hinlegen.

016
Zum Film:
Barnaby und die Reizangel

Hier konnte ich ihm in Ruhe erklären, dass eine Reizlage nicht bedeutet, sich wie ein Wellenbrecher durch die Sturmflut zu kämpfen, sondern dass man, auch wenn man der bezauberndste Barnaby aller Zeiten ist, gut zuhören kann. Und es hat richtig Spaß gemacht, ihm das zu erklären. Während dieses Thema auf dem Stundenplan stand, blieb der kleine Herr Inspektor auf den Spaziergängen überwiegend mit der Leine gesichert – ich wollte mich nicht noch mal meckern hören – und hatte Erfolg damit. Je leichter es wurde, umso freier konnte er auch wieder auf unseren Rudelrunden sein. Das erreichte Ziel war, dass ich ihn, so wie er Gas geben wollte, einfach nur leise ansprechen konnte und eine prompte freundliche Reaktion in meine Richtung bekam. Also schlicht: eine korrekt gearbeitete ziehende Hilfe. Mehr nicht. Der Lernerfolg wurde dem Hund garantiert.

DAS REGULATIV

Ob es bequem ist oder nicht, gerade passt oder stört, das ist dem Wunsch nach einem Regulativ egal. Wir Mütter und Väter wissen das. Erziehen passiert dann, wenn es dran ist. Unser kleiner Lieblingsinspektor hatte Fragen zu dem gesamten Regelwerk der Welt, seiner Welt. Und diese Fragen brauchten Antworten, die man nicht gut bis auf die nächsten freien Tage verschieben konnte. Und das ist, wie es ist, obwohl dem kleinen Barnaby nichts Schlimmes widerfahren ist und er beste Startvoraussetzungen hatte. Er stellt diese Fragen einfach nur, weil er ein Hund ist, eine Kreatur mit eigenen Maßstäben und eigenem Verlangen, mit Impulsen und einer Intelligenz, die Struktur braucht, um zu gedeihen. Jeder Hund – unabhängig von Rasse und Vorerfahrung – braucht ein Regulativ, Orientierung und eine eindeutige Sprache, die ihm Vertrauen gibt.

Barnaby entwickelt sich hervorragend. Und das Beste ist: Er ist mein Freund geworden.

Werden Sie Ihres Glückes Schmied, denn Sie haben es in der Hand, ob aus Verstehen Vertrauen wird.

10 MONATE

Status quo

— Selbstbewusst, sicher in Reizlagen
— Verspielt und verschmust
— Innerartlich intakt
— Stressbelastbar bei Außenreizen
— Immer online
— Fokus, Merken und Suche abgeschlossen
— Freie Folge
— Links und rechts bei Fuß, auch an Pferd und Fahrrad
— Kann auf einem Platz recht lange liegen bleiben und warten
— Kann allein sein
— Beherrscht das gesamte Apportierprogramm inklusive „Bring zu"
— Bislang sicher bei Wildbegegnungen

Ja, er ist ein Traum und ich muss gestehen, ich bin sehr verliebt in diesen Hund. Aber was finden Sie nicht in der Aufzählung? Was vermissen Sie? Die Welpenschule mit Hundespielwiese? Das Jackpot-Training, den konditionierten Rückruf, das Tauschen und Verhandeln, das Strafen und den Leinenruck? Oder die Leckerchen?
Barnaby hat gelernt, mir zuzuhören. Wir haben gelernt, dieselbe Sprache zu sprechen und eindeutige Kommunikationswege zu benutzen. Er hat verstanden, mir zu vertrauen, und ich weiß, dass ich ihm trauen kann. Wir haben sehr viel Bindungsarbeit geleistet. Er genauso wie ich. Wir sind ein Team geworden. In 7,5 Monaten, was für eine kurze Zeit! Jetzt haben wir alles vor uns, der Inspektor und ich. Und trotzdem bin ich jederzeit bereit, wieder rückwärts zu rechnen, und einzelne Dinge, die wir bislang erreicht haben, neu in den Fokus zu rücken. Nur so können wir gemeinsam wachsen.

EIN WEG FÜR SIE?

Egal, ob Sie mit Ihrem Hund apportieren, Menschensuche machen oder einfach nur zufrieden spazieren gehen wollen. Sie brauchen den Dialog. Sie brauchen den direkten Kontakt zu Ihrem individuellen Hund. Die Glücksschmiede kennt das Handwerk. Sie weiß das Material einzuschätzen, hat die passenden Werkzeuge an der Hand und kann auch Reparaturen leisten.

FAKTOR ZEIT

Das Entwickeln eines Hundes, einer Partnerschaft ist für mich wie das Erschaffen eines Kunstwerkes. Die Einzigartigkeit, der Charakter, die Ausstrahlung, der gesamte Habitus. Dazu braucht es gute Werkzeuge und Zeit. Über die Werkzeuge haben wir bereits gesprochen. Die Zeit definiert sich wie folgt: Ein Hund benötigt unter jeder Pfote ein Jahr, um erwachsen und reif zu sein. Auch Herr Barnaby bekommt diese Zeit. Barnabys Fahrplan baut auf sein Einverständnis auf. Wenn ich spüre, dass etwas wackelig wird, etwas unrund läuft, werde ich ein bis drei Schritte in der Ausbildung zurückgehen. Die Wiederholung ist die Mutter allen Lernens. Und Pausen gehören dazu, um das Erlernte sacken zu lassen. Letztlich erhöhen Pausen sogar das Lerntempo. Der Prozess des Wachsens und Reifens ist individuell sehr unterschiedlich. Bei all dem menschlichen Ehrgeiz darf man die innere Reife des Tieres nicht aus den Augen verlieren.
Barnabys Geschichte endet hier, aber nur, weil ich das Manuskript abgeben muss. Unser gemeinsamer Weg scheint erst zu beginnen und darauf freue ich mich sehr.

017
Zum Film: Wasserapport

DIE BINDUNG

— Der Weg zum doppelten Glück

ZU EINER BEZIEHUNG GEHÖREN MINDESTENS ZWEI

Sie kommen in den Raum. Sie – groß, schlank etwa Ende 30.
Er – eher klein, Locken und von etwas gedrungener Statur.
Sie: „Er hört mir einfach nicht zu!"
Er schaut aus dem Fenster.
Sie: „Also manchmal ignoriert er mich, besonders wenn Besuch da ist."
Er schaut sie an.
Sie: „Und nachts muss er ständig aufstehen, das macht mich nervös!"
Er schaut auf den Boden.
Sie nimmt Platz.
Er setzt sich zu ihr und schaut sie an.
Sie: „Er ist manchmal aber auch einfach so aufdringlich!"
Er lehnt sich an sie.
Sie zückt ihr Telefon, um mir Filme von ihrem Urlaub zu zeigen. Beweismittel für seine Ignoranz. Währenddessen schaut er sie an. Tja, denke ich, wir müssen einen vorwurfsfreien Raum schaffen. Wie bringe ich die beiden an einen Ort ohne Richtig und Falsch, an den Ort, an dem sie sich einfach neu begegnen können?
Er stupst sie an. Sie zieht die Hand weg und kramt in ihrer Tasche.
Seit knapp einem Jahr leben die beiden nun zusammen. Und all die Komplimente, die er ihr in dieser Zeit machte, hat sie nicht gesehen. Es hat ihr niemand gesagt und dennoch hat er es in all der Zeit nicht ganz aufgegeben.
In einer solchen Beziehung gibt es viel aufzuräumen, neu zu entdecken und zu verstehen. Denn immerhin ist dieser Mensch aufgestanden und hat sich auf den Weg gemacht. Sie sucht Hilfe und ist aktiv geworden. Der Weg zum gegenseitigen Verstehen führt immer über das Verständnis, das Verständnis füreinander. Das Erkennen der Zeichen, das Entwickeln der Bindung, das Pflegen der Freundschaft. Das schafft Vertrauen. Und auf diesen Weg wollte sie sich machen.

DER BAUCH IST EIN KLUGER KOPF

Wir reduzieren hier erst einmal die Kommunikation auf die wesentlichen Bausteine. Wir schulen die Werkzeuge, üben das Lesen der Signale und lösen die Kopf-Bauch-Schranke auf. Manchmal muss man das Bauchgefühl wiederbeleben und einen direkten Link zum Herzen legen. Und wenn das fertig ist, dann wird auch dieser Doodle seinem Menschen ein Lachen ins Gesicht zaubern.

VERLIEBEN SIE SICH IN IHREN HUND

Wenn ich im Unterricht bin, dann geht es mir manchmal wie bei einer Eheberatung. Und in der Tat höre ich beiden Beteiligten sehr aufmerksam und mit allen Sinnen zu.

Ihr Ziel war eine gelungene Partnerschaft mit Elvis. Sie hat es erreicht.

Zwischen Richtig und Falsch gibt es einen Ort, hier können wir uns begegnen.
(Rumi)

Widmen wir uns erst einmal dem Zweibeiner. Aufrecht und intelligent, so schreiten wir durch das Leben. Bindungsfähig und clanorientiert. Das bedeutet, dass wir eine Gattung sind, die in Familienstrukturen lebt, so wie der Hund in Rudeln organisiert ist und das Pferd in Herden. Diese Eigenschaft beinhaltet, dass wir klare soziale Strukturen benötigen und uns innerhalb dieser Strukturen genauso entfalten wie absichern können. Es bedeutet, dass der Rahmen einer Gemeinschaft das Individuum reguliert. Dazu gehört die Fähigkeit, zu regulieren und auch das Regulativ anzunehmen, zu respektieren. Die meisten Menschen, die zu mir in den Unterricht kommen, bestehen aus einem großen Herzen auf zwei Beinen. Ich weiß, es gibt auch die anderen, aber denen bin ich sehr selten begegnet.

DIE HILFLOSIGKEIT UND IHRE GEFAHREN

Diese Menschen, die durchaus in der Lage sind, ihre eigenen Kinder zu erziehen, manchmal sogar andere Menschen zu führen und anzuleiten, gebildet und erfahren mitten im Leben stehen, lassen sich von ihrem Hund so mir nichts, dir nichts die Butter vom Brot nehmen. Sie knicken ein, geben nach, verlieren die Spur und manchmal auch den Überblick. Es scheint, als würden die Fragen und die Visionen im Kopf durcheinanderwirbeln. Manchmal aber auch scheint es, als würde der Mensch den Hund nicht richtig ernst nehmen, nicht verstehen, vielleicht auch nicht genügend als eigenständige Kreatur respektieren. So wirken manche Menschen unentschlossen, großherzig und gütig, aber dennoch hilflos. Und diese Hilflosigkeit ist es, die die Menschen schließlich gefährlich machen kann.

Menschen halten häufig lange einen Fehler aus. Sie denken über Lösungen nach oder versuchen, die Ursache zu ergründen. Das lässt die Reaktionszeit oft sehr lang werden. Sie lassen sich von der Frage nach dem Warum treiben und verpassen währenddessen den Einsatz für ihre Hilfengebung. Während sie noch den Fehler dulden, braut sich unter der Hilflosigkeit eine Wut zusammen. Und wenn diese sich dann löst, dann braucht es oft lange, bis der Mensch sich wieder beruhigt. Das ist bei Tieren ganz anders. Tiere haben einen sehr direkten Kommunikationsweg. Sie kennen keine Umwege. Sie haben eine kurze Zündschnur. Sie sagen sofort, was sie meinen. Ist der Fall geklärt, ist es auch sofort wieder gut.

VON DER INNEREN ZUR ÄUSSEREN HALTUNG

So besteht ein Teil des Unterrichts darin, die Wirklichkeiten zu sortieren, ein zweiter Teil, die Sprache aufzuräumen und dann den Dialog zu finden. Erst danach geht es um die Ausbildung. Den Dialog erarbeiten wir mit den vier Säulen der HarmoniLogie (siehe Seite 18). In diesem Zusammenhang wird die innere Haltung des Gegenübers identifiziert und wenn nötig korrigiert. Dabei entdecken wir Menschen auch die Möglichkeit, über die eigene innere Haltung nachzudenken.
Dadurch, dass der Mensch nun wieder ein Gefühl für Raum und Zeit bekommt, erlangt er auch die Fähigkeit, Beschlüsse zu fassen, Dinge durchzusetzen, Antworten einzufordern. Es ist ein wunderbarer Prozess, der sich hier in Gang setzt. Das Tempo des Trainings wird sehr verlangsamt, die Signale des Hundes werden sorgfältig gelesen und dann geht es schon wieder in eine Phase der positiven Aktivierung, zum Beispiel durch Spiel.

Das positive Aktivieren, echte Freude, Lob und Spaß, …

… sind ein großer Teil der Bindungsarbeit, …

… die wir ebenso leisten wie der Hund.

DER VORWURFSFREIE RAUM

Die Dame aus unserem Beispiel, Silke, war erstaunt, als sie von den Bindungsangeboten ihres Hundes Elvis erfuhr. So habe sie es nie gesehen. Sie veränderte ihren Blick auf ihren gelockten Gefährten und begann, sich über die guten Seiten und Momente mit Dankbarkeit zu freuen. Sie lernte, das Bestreben nach Bindung nicht nur zu beantworten, sondern auch gezielt zu fördern. Wir machten Bindungstraining, organisierten das Management und sortierten die Sprache. Sie lernte, die dreidimensionale Sprache anzuwenden und den Hund zu lesen. Sie lernte, Raum und Zeit zu regulieren. Das half der Beziehung im Sinne des Vertrauens. Wenn ihr Elvis auf Abwege kommen wollte, dann konnte sie ihn stören, er respektierte die begrenzende Störung sehr gut, ihn orientieren, er nahm die ziehende Hilfe bald schon exzellent an, und ihn zum Lachen bringen. Sie stellte ihm glaubhaft die Grenze seiner Heimat dar und sie wurde zu seinem Zuhause. Das ganze Projekt hat ein halbes Jahr gedauert, eine kurze Zeit für ein großes Ziel. Aber es ist in dieser Zeit mehr passiert als der Weg zum gehorsamen Hund. Ihre Gesichtszüge veränderten sich genauso wie die Mimik des Hundes. Beide lachten mehr und sie begannen, einander zu vertrauen. Der vorwurfsfreie Raum wurde gefunden und belebt. Ihr wurde klar, dass er die Fehler, die er machte, nur machte, weil er die Möglichkeit dazu bekam, und nicht etwa, um sie zu ärgern. Das war eine großartige und zielführende Erkenntnis.

Seither kümmern wir uns um die Ausbildung dieses Teams. Seither üben wir das Apportieren, das Transportieren von nützlichen Gegenständen innerhalb der Familie und außerhalb auf Spaziergängen, das kleine und das große Merken sowie

018
Zum Film:
Silke und Elvis

Wenn sich Vertrautheit in echtes Vertrauen wandelt, dann entsteht echtes Glück.

die Suche. Dieser wunderbare Doodle lebt nun frei bei seinen Menschen, eine Leine brauchen sie nicht mehr. Die haben sie gegen echte Bindung getauscht. Und mehr noch, es wurde ein echtes Familienprojekt. „Endlich streiten wir uns nicht mehr", gestand sie mir kürzlich, während wir ihrem Mann hinterherschauten, der mit dem Hund lossauste, um ein großes „Bring zu" vorzubereiten. Carsten widersprach ihr zu Beginn der Ausbildung, er wollte es anders machen, anders spielen, mit Stöckchen und ohne System, anders ansprechen, nicht so sehr auf die Details der Sprache achten. Es gab etwas Gegenwind innerhalb der Beziehung. Doch Silke hatte Erfolg. Sie konnte beweisen, wie gut ihr Hund auf sie reagierte und wie toll er bei ihr blieb. Das machte ihn neugierig, vielleicht sogar ein bisschen neidisch. Er begann, sie im Unterricht zu begleiten, und fand nicht nur Antworten auf seine Fragen, er fand auch Erfolg. Carsten lernte schnell die räumliche und leibliche Sprache. Mühe hatte er etwas, sich die exakten Vokabeln zu merken.

1. Elvis = ziehende Hilfe, 100%iger, unmittelbarer Kontakt
2. Zu mir = herkommen
3. Mach Platz bitte = hinlegen und liegen bleiben, bis ein anderes Signal kommt
4. Sitzen = hinsetzen und sitzen bleiben
5. Fuß = links bei Fuß
6. Hand = rechts bei Fuß
7. Geh pinkeln = zur Toilette gehen
8. Jawohl = loben
9. Nein, nein, nein = stören
10. Nimm = Objekt nehmen
11. Holen = Objekt zum Menschen bringen
12. Danke = Objekt ausgeben
13. Transport = Objekt transportieren
14. Bring zu = Objekt zu einer anderen Person bringen

Es begann eine wunderbare Zeit, in der Elvis mit seiner ganzen Familie dieselbe Sprache lernte und er das liebenswerteste Familienprojekt aller Zeiten wurde. Gut gemacht, Silke, dass du dich auf den Weg gemacht hast und deine ganze Familie von deiner Route begeistern konntest! Nun zaubert Elvis euch allen ein Lachen ins Gesicht.

HUNDE WOLLEN UNSEREN HERZSCHLAG SPÜREN

Es ist unsere Verpflichtung, die Bedürfnisse unserer Schützlinge zu erfüllen. Und diese Bedürfnisse sind sehr überschaubar. Bei uns Menschen sagt man: Kinderhand ist leicht gefüllt. Das trifft auf junge Hunde besonders, aber ehrlicherweise auf alle Hunde im Allgemeinen zu. Was braucht cin Hund? Zunächst einmal Nähe und Zuneigung, Körperkontakt und Wärme. Er möchte auf keinen Fall allein sein. Das wäre eine sehr große Bedrohung für ihn. Auch nachts möchte er nicht allein sein. Er muss den anderen Herzschlag wenigstens hören, im besten Fall spüren dürfen. Dann braucht er einen ritualisierten Tagesablauf, was den Ein- und Ausgang seines Körpers angeht. Er braucht feste Bezugspersonen, damit sein Bindungssystem gestärkt wird. Er braucht eine körperliche und geistige Auslastung. Gute Nahrung und frisches Wasser sind ebenso wichtig wie liebevolle, friedliche Artgenossen, zu denen er eine Bindung aufbauen kann. Und dann braucht er wieder liebevollen Kontakt, und das in großer Dosis.

FREIHEIT BEDEUTET, ENTSCHEIDUNGEN ZU TREFFEN

Was braucht er nicht? Fremde, übergriffige Hunde, fremde, übergriffige Menschen, Sitz-, Platz-, Fuß-Hundeschule und Leckerchen. Und er braucht noch keine Freiheit, denn mit der kann er noch gar nicht umgehen. Erst einmal braucht er Anschluss und Sicherheit – ein Zuhause. Irgendwie sitzt dieses Missverständnis vom Freiheitswahn in den menschlichen Köpfen fest. Die Freiheit kann der Hund sich durch Zuverlässigkeit und Verbindlichkeit im Dialog erarbeiten. Denken Sie an unseren Inspektor Barnaby (siehe Seite 124 ff.). Und das braucht etwas Zeit. Wir prägen im Hund ein manifestes Missverstehen, wenn wir glauben, er muss auf irgendeiner Wiese mit vielen fremden Hunden spielen. Solange unser kleiner Freund nicht absolut an den Hilfen steht, und damit meine ich tatsächlich einen 100%igen Rückruf hat, muss er auch nicht lernen, dass er in der Anwesenheit anderer Hunde nicht mehr auf mich zu reagieren hat. Er lernt in solchen Momenten genau das, was er später nicht tun soll, ein handgemachtes Missverständnis. Um diese Freiheit gut bedienen zu können, muss der Hund verstanden haben, Entscheidungen zu treffen. Entscheidungen, die dem Team Mensch-Hund nutzen und nicht schaden. Hunde sollen miteinander spielen, aber innerhalb ihres Freundeskreises, ihres Clans und in einem sicheren, überschaubaren Rahmen.

ÜBERFORDERUNG

Es ist eine immer wiederkehrende Frage: „Warum haben Sie sich mit Ihrem Hund in diese oder jene Situation begeben? Waren Sie oder Ihr Hund bereits darauf vorbereitet? Hatten Sie die Situation gut im Blick?“ Wenn es dann zu Schwierigkeiten kommt, suchen wir häufig Ausreden oder lagern die Verantwortung aus. „Da kam der andere Hund einfach so um die Ecke!“ oder „Und plötzlich war da ein Eichhörnchen!“ Weder der andere Hund noch das Eichhörnchen sind schuld an dem Kontrollverlust, sondern die nicht gut gearbeitete Kontrollierbarkeit. Das hört man vielleicht nicht gerne, aber es ist leider Fakt. Hilflosigkeit entsteht häufig durch Überforderung. Und in unserer sechsbeinigen Partnerschaft trifft das auf beide Individuen zu. Fakt ist, dass wir nicht nur den Kühlschrank öffnen können, wir können auch den Autoschlüssel umdrehen. Wir sind verantwortlich für die Situationen, in die wir unsere Hunde bringen. Und wir können lernen, diesen Überblick zu bekommen. Alle Situationen, in denen wir uns wohlgefühlt haben, sicher waren und es harmonisch war, kann ich wieder aufsuchen. Alles, was sich unsicher angefühlt hat, nehme ich mir vor, wenn mein Hund etwas besser an den Hilfen steht. Das ist kein Hexenwerk, das ist Management. Und es dauert auch nicht lange. Lange dauert es, Fehlverhalten zu reparieren. Korrekturtraining ist immer deutlich aufwendiger als der gradlinige Aufbau.

Die Bedürfnisse der Hunde sind kein Wunschkonzert. Wir haben die Pflicht, diese Grundbedürfnisse zu erfüllen und ihnen nachzukommen.

WENN HUNDE VERTRAUEN

Ich sitze auf einem Baumstamm. Meine Hände stecken im Fell. Viel Fell. Sein Kopf stützt sich auf meinen Schoß. Er schmatzt. Was ich hier tue? Ich arbeite. Bitte nicht stören, ich bin im Bindungstraining. Zugegeben, es gibt schlimmere Jobs. Verstehen Sie dieses Training nicht als Kuschelkurs, sondern als Teil einer manifesten Ausbildung, dann lernen Sie, sich mit dem System der Bindung auseinanderzusetzen. Lernen Sie, Bindung gezielt aufzubauen und zu fördern. Lernen Sie die Bindung als das höchste Gut einer Beziehung kennen. Aus Bindung kann Freundschaft entstehen. Leben Sie nicht in einer Wohngemeinschaft mit Ihrem Hund, leben Sie in einer Beziehung.

BINDUNG ODER DAS GEFÜHL VON HEIMAT

Bindung ist nicht nur mein absolutes Lieblingsthema, sondern eine große Kostbarkeit. Und wenn Sie eine Partnerschaft eingehen, dann verpflichten Sie sich lebenslänglich, zumindest lebenslänglich zum Bindungstraining. Gehen wir der Bindung und ihrem System einmal auf den Grund. Wir erkennen an der Oberfläche zunächst drei Arten der Bindung.

DIE EMOTIONALE BINDUNG

Es ist dieses warme Gefühl ums Herz, wenn man sich begegnet, wenn Freude die treibende Kraft ist und positive Energie fließt. Es ist der Moment, wenn Vertrautheit zu tiefem Vertrauen wird und sich Glück ausbreitet. Diese Emotionen bestimmen Raum und Zeit, wenn echte Bindung entsteht.
Dies beschreibt die emotionale Bindung. Es bezieht sich auf die Beziehungsebene, auf Partnerschaften, Familien, Freundschaften. Es ist der Bereich, in dem wir den Begriff als Erstes ansiedeln, wenn wir über Bindung nachdenken.
Brutpflege ist das biologisch richtige Wort. Das Pflegen der eigenen Brut, das Ernähren, das Umsorgen, das Beschützen, auch das Regulieren. Gelungene Brutpflege ist nicht nur der Garant für eine tiefe emotionale Bindung, sondern auch der Garant für das Fortbestehen der eigenen Art. Die elterliche Liebe hat eine unbändige Kraft.
Zu dieser elterlichen Liebe gehört auch der Bereich der Erziehung. Die emotionale Bindung, die wir zu unseren Hunden eingehen, kann ähnlich groß sein. Und schon hier wird klar, dass Bindung nicht nur durch Streicheln, sondern auch durch Begrenzen entsteht. Beziehungspflege mit dem Hund heißt, dass man ihm von ganzem Herzen zum Wohl ist, ihn aber auch begrenzt und reguliert. Das logische Konzept der HarmoniLogie® beinhaltet genau diesen Bereich maßgeblich. Durch das hohe Maß an Sprachhygiene, der innigen Zuwendung und das Strukturieren der inneren Haltung, ebenso durch gezieltes Bindungstraining (siehe Seite 155) fördern wir nicht nur Vertrauen und Verbundenheit, sondern die aufrichtige Bindung zueinander.
Die Bindungsfähigkeit ist die Grundlage für die emotionale Bindung. Sie ist bei den unterschiedlichen Individuen nicht immer gleich ausgeprägt. Sie kann gut gefördert, aber auch stark verletzt werden. Das emotionale Bindungssystem ist ein fragiles Gerüst, um das wir, egal, in welcher Partnerschaft wir uns befinden, uns bemühen müssen.

Bindung ist wie ein Muskel. Trainiere ihn.

MATERIELLE BINDUNG

Im existenziellen Bereich berührt es die Grundbedürfnisse wie Nahrung, Wärme, Schutz, im menschlichen Bereich wäre es auch mit Lohn vergleichbar. Diese materielle Bindung ist in der Tat von überlebenswichtiger Bedeutung. Auch im Umgang mit dem Tier gibt es einen großen Bereich materieller Bindung. Sie kennen den Weg zur Wärmequelle und wissen, wie der Kühlschrank aufgeht. Ihr Hund nicht.

Dadurch, dass wir Tiere in unser Gewahrsam nehmen, schaffen wir eine materielle Abhängigkeit. Ein Großteil unserer Hunde wäre auch überlebensfähig, wenn es uns nicht gäbe. Manche Züchtungen aber sind in ihrer Lebenstauglichkeit so beeinträchtigt worden, dass sie ohne die Unterstützung des Menschen nicht überlebensfähig wären. Sie haben zu viel oder zu wenig Fell, sie sind zu groß oder zu klein, manche haben einen deformierten Kiefer, Gliedmaßen oder auch einen nicht überlebenstauglichen Charakter. Diese Kollegen stehen besonders in einer materiellen Abhängigkeit von dem Menschen.

RÄUMLICHE/ÖRTLICHE BINDUNG

Weiterhin finden wir die räumliche/örtliche Bindung, etwa alle, die in einem Boot sitzen, in einem Bus fahren, in einem Haus leben. Alle Deutschen, alle Niedersachsen, alle Schüler der Klasse 5 B. Die Bereitschaft der rein örtlichen Bindung ist bei einigen Tieren genetisch vorprogrammiert. Sie kann so stark ausgeprägt sein, dass sie überlebenswichtig ist. Wir nennen es den „hefting instinct" (den Instinkt, dem heimischen Ort treu zu bleiben, „Standorttreue"). Sie kennen es von Brieftauben oder Katzen, und auch einige Schafrassen sind mit diesem „hefting instinkt" ausgerüstet. Ebenso gibt es eine Standorttreue bei einigen Hunderassen und Kreuzungen. Siedeln wir einen Straßenhund um, dann kann das für das Bindungssystem dieses Hundes extreme Folgen haben, mit denen dann die Besitzer dieses Hundes lange sehr sorgfältig umgehen müssen. Diese Hunde wollen, egal, wie gülden ihr Käfig ist, einfach nur nach Hause. Das ist für manche Menschen schwer zu verstehen. „Zu Hause ist, wo dein Herz ist." Das klingt schön und stellt uns manchmal vor unvorhersehbare Schwierigkeiten.

Die Leine beschreibt dem Hund einen sicheren Raum.

DIE SICHERHEIT DER LEINE

Die Leine ist eine Verbindung zwischen Ihnen und Ihrem Hund. Sie beschreibt dem Hund einen Radius, in dem er sich um Sie herum bewegen soll. Eine zwei Meter lange Leine gibt dem Hund demnach ein Spielfeld von vier Meter Durchmesser. Da Sie sich ja bewegen, ist das bereits eine Menge Raum, innerhalb dessen der Hund sich bewegen kann. Die meisten Hunde aber nutzen nicht den Raum, den die Leine beschreibt, sondern nur das Ende der Leine. Dieses Verhalten ist dem Funktionskreis Drängen/Bedrängen geschuldet, den der Mensch oft nicht gut reguliert. Seien Sie ehrlich, wenn Ihr junger Hund an etwas schnüffelt und dabei an der Leine zieht, dann verlängern Sie erst die Leine etwas und anschließend auch noch Ihren Arm. Möglicherweise gehen Sie sogar ein kleines Stück hinterher, damit Ihr Hund in Ruhe zu Ende schnuppern kann. Damit bringen Sie Ihrem Hund bei, an das Ende der Leine zu gehen. Denn immer, wenn er nach mehr Raum fragt, lohnt sich das. Und weil Ihr Hund an der Leine zieht und das irgendwann stört, machen Sie ihn los. Und hier verpassen Sie den Moment, Ihrem Hund die Grenze seiner sicheren Heimat, also den angemessenen Radius, zu erklären. Mit hundertprozentiger Sicherheit riecht es innerhalb des Radius genauso interessant wie außerhalb.

DIE SPUR BEGINNT IM KOPF DES MENSCHEN

Die Bereitschaft, die räumliche Grenze der Leine zu erklären, muss erst im Kopf des Menschen ankommen, damit wir später einen gelungenen freien Anschluss arbeiten können. Die Leinenführigkeit ist bildlich gesehen so etwas wie eine Heimat für den Hund. Erst muss unser kleiner Freund lernen, diesen Raum, der wie ein Lichtkegel um uns herum mit uns mitwandert, zu respektieren, bevor die Leine gelöst werden kann. Es ist nicht nur die Leinenführigkeit, sondern auch die Akzeptanz dieses Raumes bei seinem Menschen, die den Weg in die Freiheit ermöglichen. An dieser Stelle findet in der Mensch-Hund-Beziehung ein Vertrauensprozess statt, der wachsen oder brechen kann. Bleibt der Hund gern und angeschlossen bei seinem Menschen, nutzt er die Freiheit nicht aus, entsteht Vertrauen und Bindung. Saust er jedoch einfach davon und entscheidet sich für alles, was weit weg von seinem Menschen ist, entsteht Misstrauen und das Bindungssystem bekommt erste Macken.

LEINENFÜHRIGKEIT: SO WIRD'S GEMACHT

Sie spüren, dass Spannung auf die Leine kommt. Sagen Sie nun nicht den Namen des Hundes, also die ziehende Hilfe, sondern beginnen Sie mit der Störung, denn das Ziehen an der Leine fassen wir als „No-Go" auf. Alle Gos arbeiten wir über die ziehende Hilfe, alle No-Gos über die Störbarkeit. Bei den No-Gos sagen Sie direkt „Nein, nein, nein" und beginnen mit einem Leinenarret, also der begrenzenden Störung (siehe Seite 99), so lange und so intensiv, bis der Hund sich gestört fühlt. Er schaut Sie an und sogleich rufen Sie den Hund zu sich, loben und feiern ihn. Das ist in der Tat nicht mit einem Mal erklärt. Hier ist die Wiederholung die Mutter allen Lernens.

Die Akzeptanz der räumlichen Grenze führt immer …

… direkt in ein Komfortzonentraining.

Unsere Scottish Blackface Schafe haben einen ausgeprägten „hefting instinct". Das bedeutet, dass sie sehr standorttreu sind.

Je konsequenter Sie das arbeiten, umso schneller ist das Thema fertig. Es gibt fast nichts Schöneres als eine gute Leinenführigkeit, und genau das ist die beste Grundlage des freien Anschlusses, also die Möglichkeit, ohne Leine mit dem Hund frei und sicher unterwegs zu sein. Dann sind Sie das Zuhause Ihres Hundes, immer und überall. Zurück zur räumlichen/örtlichen Bindung.

HEFTING INSTINCT BEIM SCHAF

Wir züchten Scottish Blackface Schafe. Sie sind besonders in allem, was sie tun. Besonders hübsch, besonders schlau, besonders mütterlich und besonders standorttreu. Vor vielen Jahren wilderte ein Hund unsere Herde und verstreute sie auf grausame Art weit über unsere Region. Es war für uns und die Schafe ein Albtraum! Wir retteten, was wir retten konnten, und sammelten mit vielen Helfern und unter großen Anstrengungen alle weit verstreuten Tiere wieder ein. Viele waren verletzt, etliche starben und wir hatten unzählige Totgeburten. Ein für mich besonderes Schaf blieb verschollen – meine „Molly". Nach drei Wochen klingelte eine Dame am Hoftor. Am Ende der Straße liefe ein Schaf, ob es zu uns gehörte. Ich raste los und da war sie, meine Molly. Total erschöpft taumelte sie auf der Landstraße entlang, die zu unserem Gehöft führt. Sie wollte nach Hause, zu ihrer Herde, zu ihrer Heimat, vielleicht auch zu uns. Ich lud sie in meinen Landrover und fuhr sie heim. Ich weiß nicht, was sie durchgemacht hat, ich weiß nur, dass sie gekämpft hat, um zu ihrem Clan zu kommen, dorthin, wohin sie gehört. Das nennen wir Bindung.

BINDUNG IN DREI EBENEN

In Bezug auf unser Haustier berühren wir alle drei Arten der Bindung. Das Tier ist existenziell von uns abhängig, es soll unser Freund sein und wir leben in einem Haus. Wir bekommen die Bindung nicht geschenkt, nur die Bindungsfähigkeit ist angeboren, bei den einen mehr, bei den anderen weniger stark ausgeprägt. Damit sie wachsen kann, müssen wir uns um die Bindung bemühen, für sie arbeiten, in manchen Fällen auch um sie kämpfen. Es ist klug, wenn wir alle drei Arten der Bindung im Blick haben und auch bemüht sind, sie gleichermaßen in unsere Erziehung und Ausbildung zu integrieren. Bindung aber entsteht nicht nur durch Wohlfühlen. Bindung entsteht durch ein ausgewogenes Maß an Akzeptanz, an Regulativ und gegenseitigem Respekt, an Zuneigung und Vertrauen. Bindung wächst langsam und braucht viel Pflege. Das Bindungssystem ist ein verletzliches System, ein angreifbares und muss immerzu beschützt werden.

WARM UND RUHIG, DAS AUSSTREICHEN

Bei dem sogenannten „Ausstreichen“ geht es nicht um Kuscheln, sondern um die Möglichkeit, den Hund sichtbar durch die Berührung zu entspannen. Das Abstreichen der Nasalfalte soll Entspannungshormone freisetzen, die Maultätigkeit aktivieren, den Lidschlag fördern, das vegetative Nervensystem entschleunigen und somit auch die Atmung beruhigen. Dieses Ausstreichen ist eine ruhige, langsame und gleichmäßig massierende Berührung mit dem Wuchs des Fells.

BINDUNG IST KEIN KUSCHELKURS

Körperkontakt ist nur ein kleiner Teil des gesamten Programms. Es ist die sogenannte soziale Fellpflege. Berührungen, sanftes Streicheln, Kraulen, Ausmassieren und Nähe sind wie Gewürze, mit denen man nicht sparsam umgehen sollte. Kühe, Pferde, Hunde, Katzen betreiben, wenn sie sich untereinander nah, vertraut und wohlgesonnen sind, soziale Fellpflege und stärken damit intensiv den Zusammenhalt, das Wohlbefinden in der Gemeinschaft. Sie betreiben damit Teambildungsmaßnahmen, sie bilden einen Clan. Soziale Fellpflege findet ausschließlich innerhalb der Komfortzonen statt. Die Tiere müssen sich demnach in der Situation und miteinander wohlfühlen und sich respektieren, um diesen Vorgang zu betreiben. Um es schlicht zu sagen: Sie müssen satt und sicher sein.

ABGESCHAUT UND NACHGEMACHT

Wenn also Tiere diese soziale Fellpflege nur innerhalb einer Komfortzone betreiben, dann kann ich ja auch mit sozialer Fellpflege eine Komfortzone erzeugen. Das bedeutet für Sie, dass Sie Ihrem Hund so viel warmherzige Zuneigung anbieten sollten, wie es Ihnen möglich ist. Denken Sie daran: Die Mutter Natur hat Ihnen zwei Hände gegeben, damit Sie mit der einen Ihren Hund streicheln.

Das Ausstreichen der Nasalfalte setzt Entspannungshormone frei.

Clanbildungsmaßnahmen sind individuell.

MACHEN SIE IHREM HUND KOMPLIMENTE

Absolut nichts spricht dagegen, Ihren Hund, egal wie groß er ist, in den Arm zu nehmen, auf den Schoß zu setzen, ihn warm und ruhig zu herzen. Nehmen Sie sich Zeit für diese Art der Zuneigung und Liebkosung und verpassen Sie keinen Moment, in dem Sie Ihrem Hund Komplimente machen können. Gerne können Sie sich abends ein wenig zu Ihrem Hund ins Körbchen setzen, oder wenn Sie mögen, bekommt Ihr Hund einen festen Platz auf Ihrem Sofa. Nennen Sie es Nestwärme und bieten Sie es Ihrem Hund verbindlich und reichhaltig an. Wir nennen diese Übung Herz an Herz, eine Clanbildungsmaßnahme.

LIEBE GEHT INS HERZ UND NICHT AUF DIE HÜFTEN

019 Zum Film: Jan und Gandalf und das Ausstreichen

Im Fahrplan der HarmoniLogie® baut es sich so auf, dass wir dieses Bindungstraining zunächst in reizarmer Umgebung etablieren, in Momenten, in denen es leicht ist, Ruhe und Nähe zu erzeugen. Je stabiler dieses Ritual wird, umso weiter trage ich es nach draußen und bin später in der Lage, die soziale Fellpflege auch in Reizlagen anzubringen und somit das Bindungssystem anzuregen.

BERÜHRUNG SCHAFFT VERTRAUEN

Meine Hunde können sich den Körperkontakt abholen. Die Tür zu mir ist immer offen. Wenn meine kleinen Freunde Nähe suchen, dann bekommen sie diese auch. Sie wachsen so in meinen Händen auf. Keine Angst, es sind nicht alles Schoßhunde, die mich begleiten, es sind auch Jagdhunde, Hütehunde, Schutzhunde und Servicehunde, eben Leistungshunde auf höchstem Niveau. Dennoch brauchen sie diese ritualisierten Kontaktzonen, die Clanbildungsmaßnahmen, die ehrliche Zuneigung, die Liebe.

SPIELEN MIT ERFOLGSGARANTIE

Ebenso verhält es sich mit dem **körperbezogenen** sowie dem **objektbezogenen** unterlegenen Spiel. Spielverhalten signalisiert Komfortzonen und es gehört zum ritualisierten Komfortzonentraining dazu. Körperbezogen unterlegen spielen heißt, dass Sie Ihrem Hund im Spielverhalten Raum geben und nicht Raum fordern, dass Sie sich von Ihrem Hund fangen lassen und nicht versuchen, ihn zu dominieren. Das Raumfordern haben wir im geometrischen Nein und es macht Sinn, im Rahmen der räumlichen Sprache dem Hund gegenüber sehr eindeutig zu agieren.

- Raum geben = einladen oder Spaß haben
- Raum fordern = Respekt einfordern, achtsam sein

Ebenso verhält es sich im objektbezogenen unterlegenen Spiel. Der Hund ist der Gewinner, er hat Erfolg mit der kleinsten Intention, das Objekt haben zu wollen. Je stabiler sein Interesse an dem Objekt ist, umso länger kann ich den Sieg hinauszögern und seinen Trieb stabilisieren und formen. Sehr häufig entdecke ich bei Menschen das Verlangen, selbst überlegen zu sein. Das untergräbt jedoch jede Form von Spaß. Der Hund muss gewinnen dürfen und soll der König des Spiels sein. Dann macht das Spiel im Sinne des Bindungstrainings Sinn für beide Seiten.
Das aktive unterlegene Spiel und der liebevolle Kontakt kosten nichts und kleben nicht in den Taschen, es tut beiden Seiten gut und es entspannt. Aber es gehört noch mehr dazu, damit es wirklich gut funktioniert. Reagiert Ihr Hund im häus-

lichen Bereich bereits gut auf das Ausstreichen und Ihre Spielangebote, bleibt er entspannt und gerne im Kontakt, heißt das noch lange nicht, dass das auch draußen funktioniert. Beginnen Sie, diese Spiel- und Entspannungsrituale mit nach draußen zu nehmen, und steigern Sie es langsam je nach Reizlage, dann wird es Ihnen glücken.

GUTE RITUALE ERZEUGEN BINDUNG

Sie erziehen uns zur Pünktlichkeit, diese haarigen Kollegen. Gerade bei den Welpen ist es ein Gewinn, wenn wir die Mahlzeiten, die Ruhezeiten und auch die Aktivitäten einigermaßen pünktlich gestalten. Ein ritualisierter Tagesablauf hilft dem kleinen Organismus sehr, sich auf die Anforderungen einstellen zu können. Das gilt auch für Hunde, die etwas älter sind und den Clan wechseln müssen. Nehmen Sie einen Tierschutzhund zu sich oder einen älteren Hund bei sich auf, dann hilft in der ersten Zeit ein pünktliches Einhalten der Tagesstruktur, Ihrer Tagesstruktur. Daran wird sich der Hund schnell gewöhnen und somit Vertrauen aufbauen. Das Umsiedeln eines älteren Hundes braucht meist viele Monate. Es kann schon mal ein Jahr vergehen, bis das Bindungssystem geheilt ist. Und diese Zeit lohnt sich, denn Sie bekommen es mit viel Liebe zurück.

DEM LEBEN EINEN RHYTHMUS GEBEN

Je glaubwürdiger ein Mensch handelt, umso leichter kann man sich an ihm orientieren. Lernen Sie, kleine Rituale zu integrieren, die immer wiederkehren. Gemeint ist hiermit zum Beispiel, dass Sie Ihren Hund einladen, vorsitzen lassen, streicheln, dann erst von der Leine lösen, um ihn nochmals einzuladen und zu streicheln, bevor Sie ihn freilassen, natürlich, wenn er so weit ist. Oder dass Sie von Ihrem Hund verlangen, sich immer hinzusetzen, wenn Sie stehen bleiben. Das macht das Leben leichter und gibt schnell sehr viel Spur. Außerdem lernt der Hund so, zu warten. Warten, bis sein Mensch so weit ist. Bringen Sie ihm bei, nicht aus dem Auto zu springen, nur weil Sie die Heckklappe öffnen, oder erklären Sie ihm, dass er gerne auf das Sofa darf, wenn er gefragt hat und Ihre Antwort abwartet. Dies sind Beispiele für kleine nützliche Rituale, die den Tag begleiten und aufwerten. Jeder Mensch führt sein Leben ein bisschen anders und so sollte auch jeder Mensch seine eigenen Rituale zusammenstellen und herausfinden, was ihm wichtig ist und der sechsbeinigen Partnerschaft nutzt.

Im körper- und objektbezogenen unterlegenen Spiel …

… garantieren wir dem Hund den Erfolg.

DEM HUND EIN FREUND SEIN

Um das Bindungssystem zu stärken und aufzubauen, ist es sinnvoll, den Hund an eine oder zwei Bezugspersonen, die sich maßgeblich um den Hund kümmern, zu binden. Später, wenn die Hunde groß und ausgebildet sind, sollten sie mit vielen Menschen kompatibel sein, das macht das Leben leichter, nur zu Beginn macht es Sinn, die Anzahl der Bezugspersonen etwas zu beschränken und diese verbindlich dem Hund anzubieten. Je größer der junge Hund wird, umso offener wird auch der Horizont, umso mehr Menschen haben in seinem Herzen Platz. Es sind zwei Zutaten, um das Kunstwerk Hund zu entwickeln: Liebe und Zeit.

Um mit dem Hund ein Team zu werden, …

WERDEN WIR KONKRET

Wenn Hunde Komplimente machen

Er hat ganz kurze Beine. Er gibt alles, um Schritt zu halten. Alle paar Meter schaut er hoch. Aufgrund der kurzen Beine muss er sehr weit hochschauen. Aber er sucht sie, die Augen seines Menschen. Fünf Monate ist der Kaninchendackel alt. Sein Mensch, ein jagdlich ambitionierter junger Mann, hat bereits einige Hunde ausgebildet. Nun will er es einmal anders lernen. „Feiner", sagt er. „Ich möchte feiner werden und mehr über Hunde lernen." Ich bin ein wenig gerührt. 1. Junger Mann, erziehen ist doch meistens Frauensache, 2. Jagdlich ambitioniert, eine Ausbildungsrichtung mit klaren autoritären, sehr traditionellen Erziehungs- und Ausbildungsstrukturen, „feiner werden", und dann dieser Hund, der mit Sicherheit in einen Topf mit Zuckerwasser gefallen ist. Ich freue mich auf dieses Projekt.
Wir beginnen mit dem Lesen. Ich bitte ihn, sich einfach durch den Raum zu bewegen und immer wieder hinunterzuschauen zu seinem kleinen Begleiter. Er soll mir schildern, was er sieht.
„Er läuft mir immer hinterher!"
„Beobachten Sie in Ruhe, was macht das Maul, das Ohr, sehen Sie das Auge? Schauen Sie auf seine Rute, den Rücken und beschreiben Sie, wie er seine winzig kleinen Füße aufsetzt."
Er geht ein paar Runden durch den Seminarraum.
„Also, das Maul ist geöffnet, sein Blick ist auf mich gerichtet, das Ohr wirkt beweglich, die Rute wedelt, aber die Füße, die kann ich nicht erkennen."
Kein Wunder, bei fast zwei Meter Körpergröße, da verschwinden die Füßchen irgendwo im Keller.
Er hält an und schaut zu mir rüber und wir machen eine kleine Pause, um uns zu besprechen.
Der kleine Hund kommt ganz nah zu ihm. Instinktiv begibt er sich in die Hocke.
„Na machen Sie schon, er darf ruhig auf Ihren Schoß."
Es wirkte, als wäre es ihm etwas peinlich, er wollte doch diesen zukünftigen Jagdhund nicht verhätscheln. Der kleine Hund nahm allerdings auf seinem Schoß Platz, als wäre es nicht das erste Mal. Er streichelte automatisch über das kleine Köpfchen und bekam einen warmherzigen, fast verliebten Gesichtsausdruck.

... ist gegenseitige Bindungsarbeit die Grundlage.

Wenn Hunde Komplimente machen, ...

... dann sollten wir sie mit Liebe fluten.

Ich bemühte mich, nicht ständig hinzuschauen und so zu tun, als wäre alles ganz normal. Ich wollte nicht, dass er sich beobachtet fühlt. Und ich freute mich aus tiefstem Herzen.

Vierbeinige Bindungsarbeit

Er lernte, all die Angebote seines Hundes zu erkennen, und konnte sie von nun an als Komplimente auffassen. Wie ein Kind, das einem Blumen schenkt, Gänseblumen. Er lernte, diese Komplimente anzunehmen und zu fördern, die Bindungsarbeit, die der kleine Dachshund leistete, zu bestätigen und zu bestärken. Die Garantie dafür, dass der Hund niemals aufhören wird, seinem Menschen Komplimente zu machen. Jedes Mal, wenn der kleine Hund ihn anschaute, seine Nähe suchte, bekam er sie von nun an und wurde gelobt.

Banane zum Menschen

Während unseres Abschlussgesprächs nach dem Training legt sich sein kleiner Hund vor seine Füße. Er liegt da wie eine Banane, die sich dem Menschen zuwendet, leicht gebogen, seinem zweibeinigen Freund zugewandt, mit der Schnauze direkt an den Füßen. Auch das ist ein Kompliment des Hundes, auch das ist Bindungsarbeit des Hundes. Er könnte auch genauso gut vom Menschen abgewandt liegen, mit der Nase Richtung Ausgangstür. Beobachten Sie einmal Ihren Hund. Schauen Sie, wie sich Ihr Hund hinlegt, wie er sich räumlich positioniert. Hunde überlassen nichts dem Zufall, vor allem nicht den Überblick von Raum und Zeit. Hunde wissen genau, wie sie sich positionieren, und wir können sehr viel daraus lesen und erkennen.
Hunde sind sehr bindungsfähig, wir Menschen müssen nur offen sein für ihre Angebote und diese entgegennehmen. Mit Ruhe, Wärme und Liebe. Dann wird es gut. Echte Bindung ist das größte Glück, das zwischen zwei Individuen entstehen kann. Jeder Schritt dorthin lohnt sich.

DIE WERKZEUGE ZUM GLÜCK

Der beste Beweis der Liebe ist Vertrauen.

Es sind die vier Werkzeuge (siehe Seite 18), die Ihnen die HarmoniLogie an die Hand gibt. Mit denen sind wir in der Lage, dem Hund Sicherheit und Orientierung zu geben. Aber mehr noch, wir können ihm überall Komfortzonen bieten und ihm somit auf der ganzen Welt ein Zuhause sein, denn das Zuhause stellen wir dar. Es ist ein Weg zu einer stabilen Bindung, zu einer echten Verbindung zweier Seelen. Doch es funktioniert nicht mechanisch, es ist lebendig. Die Pflege der sechsbeinigen Freundschaft beschäftigt uns ein Leben lang. Immer wieder sollten wir uns ehrlich folgende Fragen stellen:

1. Kann ich meinen Hund in jeder Situation mit seinem Namen erreichen?
2. Kann ich ihn überall zum Lachen bringen?
3. Bin ich in der Lage, ihn mit Leichtigkeit zu unterbrechen und
4. kann ich Nähe und Distanz steuern?

WERDEN WIR KONKRET

Die Deutsche Dogge soll der größte Hund sein. Und dieses Exemplar ist auch das schönste! Beine bis zum Boden, elegant, ein traumhaft schöner Kopf und ein Bombencharakter. Cole ist sein Name und ich bin seine berufene Patentante. Seine Menschen, Kim und Max, sind unfassbar verliebt in ihren Hund. Ein junges Pärchen, das diesen Hund mit Leidenschaft betreut. Dennoch ist er ein Hund, ein großer, der mit vielen eigenen Ideen aufgrund seiner Ausmaße schnell Schwierigkeiten machen kann. Das Wichtigste für die Menschen und ihr Doggentier ist, dass er immer und unmittelbar auf seinen Namen reagiert. Der Hund braucht Orientierung. Er darf nicht an der Leine ziehen, da Kim, die genauso schwer ist wie ihr Hund, ihn nicht halten könnte. Also muss er leicht störbar werden, damit die Leinenführigkeit gut erklärt werden kann. Er lernt das begrenzende sowie das geometrische Nein kennen. Er soll aufrecht und prächtig, froh und frei mit seinen Menschen durchs Leben gehen. Hierzu benötigen wir die Lobbarkeit. Diese wird vom Abstreichen bis hin zum körperbezogenen Spiel intensiv gearbeitet. Und es ist wichtig, dass der Hund freundlich ist, dass er mit positiver Energie, Angeboten und Weichheit die Menschen überzeugen kann. Die innere Haltung stabilisieren wir mit viel positiver Energie, Spiel, Lob und der Abgrenzbarkeit.

Im Leben geht es nicht immer geradeaus

Trotz all unserer Sorgfalt wollte Cole in den ersten sieben Monaten fast nicht wedeln. „Dead tail", so nennen wir das, eine tote Rute also. Blöderweise waren die drei zu dieser Zeit in einem unserer Kurse. Spielen und Loben war das Motto.

Können Sie Ihren Hund immer und überall erreichen?

Es war ein Sterben auf Raten. Voller Vorfreude kam Max mit seinem Cole an die Reihe und wir versuchten, die räumliche, leibliche und akustische Sprache im Spielverhalten zu erarbeiten. Max gab wirklich alles. Er raste über die Fläche, klopfte, klatschte und quietschte, um das Pubertier aus der Reserve zu locken. Die Dogge stand in der Mitte, alles hing herab, die Ohren, die Augen, die Lefzen und die Rute und sie schaute Max geduldig beim Toben zu, als wolle sie sagen: „Wenn du Lust hast zu spielen, dann geh ruhig, aber komm pünktlich wieder."

Der arme Max! Er war der einzige Mann im Kurs und ausgerechnet sein Hund zieht den Stecker. Und ganz ehrlich, da kann so eine menschliche Spielaufforderung schon mal Frust enthalten. Es gibt Schlimmeres im Leben als ein nicht spielen wollender Hund, dennoch geht es um ein wichtiges Werkzeug für den Dialog. Die Lobbarkeit ist ein wichtiges Tool und der Link zum Lachmuskel sollte gefunden und gefestigt werden. In diesem Fall gab es keinen Hinweis, dass Cole überhaupt einen Lachmuskel besaß.

Das Pubertier

Doch Cole blieb konsequent, ein absoluter Nichtspieler. Er war ein bisschen wie ein Kind im Alter von 12 Jahren, dessen Eltern immer peinlich sind. Ich redete Max zu und versprach ihm, dass es sich bald ändern werde. Cole sei in der Pubertät, mit Wachsen, Hormonen und sich selbst beschäftigt. Max nickte zwar, aber ich bin mir sicher, dass er mir nicht so recht glaubte.

Nach fünf Monaten sah die Welt schon anders aus. Max hatte es geschafft, eine Art zu entwickeln, wie er seinen Hund zum Lachen bringen konnte. Er hatte die Momente entdeckt, in denen der Hund von sich aus losgelassen war, und war auf Bindungsangebote seines Riesenbabys eingegangen. Er hat all das wiederholt, was einmal mit Freude Erfolg hatte. Und damit wiederum hatte er Erfolg. Es war eine für ihn und Cole kompatible Art zu spielen.

Max hat herausgefunden, wie er Cole zum Lachen bringt.

Mit weichem Körper spielen die beiden ausgelassen.

Es ist eine Freude, den Beiden zuzuschauen.

Das körperbezogene unterlegene Spiel

Schaute man von außen auf die beiden, wirkte es wie ein Raufen mit Bodycheck. Beobachtete man die beiden aber genau, dann war zu erkennen, dass Max in der räumlichen Sprache unentwegt dem Riesenbaby Platz machte. Er hat den Tanzbereich des Hundes im Spielverhalten nicht betreten. Dennoch hat er seinem Hund die Möglichkeit gegeben, in seinen menschlichen Tanzbereich einzudringen. Max hatte ausnahmslos gebrochene Winkel, so wie Winni Puuh, der Bär aus der Kindergeschichte. Seine leibliche Sprache war weich und einladend. In der akustischen Sprache vermied er es, den Namen des Hundes auszusprechen, und entwickelte eindeutige Spiellaute. Es war und ist ein kleines Schauspiel, das einem unweigerlich ein Lachen ins Gesicht zaubert. Die Tatsache, dass Max die Momente abgepasst hat, in denen Cole von allein diese aktive positive Energie freisetzte, zum Beispiel in Begrüßungssituationen, und diese dann ritualisiert hat, führte unweigerlich zum Erfolg. Schon bald war das Spielverhalten und damit auch das Komfortzonenverhalten so etabliert, dass er es auch in anderer Umgebung zuverlässig abrufen konnte.
Für Kim passte diese Art des Spielens nicht. Sie ist zart und konnte nicht mit so viel Masse balgen, wie die beiden Kerle das miteinander machten. Sie entwickelte eine eigene Art, Cole zum Lachen zu bringen. Kim begann mit Lauf- und Versteckspielen. Cole spielte demnach auch mit jedem etwas anders. Er ließ sich auf seine Menschen ein, so, wie seine Menschen sich auf ihn einließen. Es waren unfassbar viel losgelassene Freude, Spaß und gegenseitiges Vertrauen in so kurzer Zeit entstanden. Mit dieser gut gearbeiteten Lobbarkeit waren wir nun fast komplett. Die Ansprechbarkeit war super. Die Störbarkeit musste in Reizlagen noch etwas besser werden und nun hatten wir auch die Lobbarkeit entwickelt und konnten somit mit der Ausbildung beginnen. Man kann ihn als einen Hund beschreiben, der auf seine Menschen hört und sich regulieren lässt, dabei aber selbstbewusst und fröhlich durch die Welt läuft. Es entstand ein tiefes Vertrauen in dem Trio, ein Vertrauen zueinander, und die Glücksspirale nahm Fahrt auf. Fahrradtraining, Apportieren, Schwimmen und Wasserapport standen auf dem Lehrplan. Cole wollte für seine Menschen alles richtig machen. Und dabei entdeckten wir seine Leidenschaft, die Menschensuche. Mit unbändiger Energie legte er sich ins Zeug, um das Clanmitglied zu finden, egal, wie schwierig wir es versteckt hatten und welches er suchen sollte. Cole, Kim und Max belebten ihren Traum und gingen zielstrebig, aber unehrgeizig ihrer Vision vom Leben mit ihrem Hund entgegen.

Die Anforderungen dem Vermögen des Hundes anpassen

Nun braucht dieser Hund Zeit zum Wachsen. Wir müssen im ersten Lebensjahr mit Cole einen guten Fahrplan anlegen, damit wir ihn nicht überfordern. Die Wachstumsphase wird bei Hunden generell, bei großen Rassen im Besonderen, schnell unterschätzt. In nur acht Monaten erreichen die Hunde fast ihre Endgröße. Sie bekommen neues Fell, neue Zähne und werden meist auch schon fruchtbar.
Das ist enorm. In acht Monaten leisten sie körperlich das, wofür wir Menschen mindestens 14 Jahre brauchen. Menschen glauben entweder, dass Hunde in dieser Zeit nur geschont werden müssen, oder überfordern ihre Hunde mit Anforderungen an die äußere Haltung und abenteuerlichen Spaziergängen, die keinem etwas bringen. Junge Hunde aber müssen weder ge- noch verschont werden. Sie brauchen Spur und Sport in Maßen. So wie auch dieses Doggentier brauchen sie viel Ansprache, geistige und körperliche Auslastung. Wir haben früh, dem Vermögen des Hundes angepasst, bei Cole mit Sport und Spur begonnen. Zwei Kilometer Jogg am Fahrrad mit einer Laufgeschwindigkeit von 9–11 h/km waren seit seinem 8. Lebensmonat an der Tagesordnung.

020
Zum Film:
Cole und Max

Cole gibt alles, um zu seinen geliebten Menschen zu kommen.

Dem Wachstum und dem Wohlbefinden des Hundes entsprechend haben wir das Pensum erhöht. Das hat ihn ausgelastet und zugleich in die Spur gebracht, es hat ihn fit und stark, alltagstauglich und zufrieden gemacht.

Spur und Sport

Mit zunehmender Fitness wurde auch das Spielverhalten gesteigert. Hunde bauen überschüssiges Adrenalin ab, wenn sie laufen. Sie brauchen als Raubtier die Bewegung, wenn es sich um Läufer handelt. Es gibt auch Hunderassen, die von uns Menschen züchterisch so „umgebaut" wurden, dass ihnen das Laufen schwerfällt, zum Beispiel der Dackel, der Basset oder auch der Bernhardiner. Dennoch brauchen auch diese Kollegen eine sportliche Auslastung, mit meinem Fahrradtraining stoße ich allerdings an deutliche körperliche Grenzen. Hat Ihr Hund die Statur eines Laufhundes, üben Sie bitte das Laufen und nicht das ewige Gehen. Am Rad, in der Spur, mit einem guten Trainingsplan bekommen Sie Ihren Hund schnell und artgerecht körperlich fit. Und je früher wir – angemessen an das Wachstum versteht sich – damit anfangen, umso leichter und selbstverständlicher wird das ganze System. Meine Lieblingsdogge bekam durch diesen Vorgang einen wunderschönen, schlanken und bemuskelten Körper, der ihr bei allen weiteren Aufgaben nützlich war.

Heute ist mein Patenhund ein Musterschüler. Jeder will ihn haben. Wunderschön, angeschlossen und federleicht zu führen. Schlau und motiviert erledigt er seine Aufgaben und ist dennoch er selbst geblieben. Und seine Menschen haben gelernt, zu spielen, zu lachen und zu regulieren. Sie haben gelernt, wann es gut ist, geduldig zu sein und rückwärts zu rechnen. Drei Herzen, acht Füße und ein Ziel. Danke, Kim, Max und Cole, dass ich und die HarmoniLogie® euch begleiten dürfen.

Kim und Cole beim Wasserapport.

DAS EINVERSTÄNDNIS EINHOLEN

Spüren, was geht, und gut reflektiert den individuellen Lehrplan anlegen ist bei jungen Hunden das A und O. Wenn wir bei jungen Hunden auf einen Widerstand stoßen, eine Lernblockade, vielleicht feststellen, dass es schwerer ist, ihn zum Lachen zu bringen, dann müssen wir das Tempo, das Maß an Anforderungen, vielleicht auch die äußeren Einflüsse reduzieren.
Ein Tier, das satt und sicher ist, das vertraut und respektiert, ist immer bereit, dem Menschen zu folgen. So sind es nur vier Werkzeuge der HarmoniLogie®, Spur und Sport sowie ein großes Herz, was den Weg zum Glück bereitet.

AKTIVIEREN, MOTIVIEREN, SPASS ERZEUGEN

Es muss zur eigenen Idee unserer Tiere werden, sie müssen es wollen, nicht einfach nur tun, sie müssen dafür brennen und ihr Glück in der Zusammenarbeit mit uns Menschen finden. Ihre Erfüllung und tiefe Zufriedenheit. Dann wird es gut.

WOLLEN WOLLEN

Wir stehen hinter dem Vorhang. Der Backstagebereich ist wie eine Hexenküche. Zwei Quadrillen, die Westernreiter sowie eine Freiheitsnummer bereiten sich auf ihren Auftritt bei dieser Gala-Show zeitgleich vor. Zu unserem Clan gehören zwei Pferde, sieben Hunde und vier Ziegen sowie drei Menschen. Seit dreißig Jahren sind wir inzwischen weltweit mit unseren Shows auf vielen großen Veranstaltungen wie Equitana, Dog live, German Masters oder auch dem königlichen Pferde- und Kamel-Festival im Oman zu Gast. Eine Familienangelegenheit, so nennen wir das, denn wir betreiben es familiär.
Das Publikum tobt auf der anderen Seite des Vorhangs. Die Musik ist so laut, dass es den eigenen Herzschlag verändert. Wir sind die nächsten. Zugegeben, ich habe seit dreißig Jahren Lampenfieber, bin angespannt und aufgeregt. Aber ich und der Rest der Truppe, wir wollen da rein. Wir brennen für den Job. Wir lieben, was wir tun. Wir müssen weder die Hunde noch die Pferde und auch nicht die Ziegen beruhigen oder ermutigen. Vielleicht nur die Chefin ...

Sicher geschult, ist es für Cole eine großartige ...

... geistige und körperliche Auslastung und fördert den Teamgeist.

Wenn du ein Schiff bauen willst, dann trommle nicht Männer zusammen, um Holz zu beschaffen, Aufgaben zu vergeben und Arbeit einzuteilen, sondern lehre die Männer die Sehnsucht nach dem weiten, unendlichen Meer.

(Antoine de Saint-Exupéry)

Der Vorhang geht auf, Spot an, unsere Musik ertönt. Und dann ist es wie ein Fluss, der beginnt zu fließen und spielerisch im Miteinander eine harmonische Darbietung präsentiert. Es fühlt sich an wie Glück mit Musik, wie Glück mit Applaus, wie ein Traum mit Zeugen.
Warum ist das so? Weil jedes einzelne Tier um sein Einverständnis gefragt wurde, weil jeder weiß, was er zu tun hat, weil jeder mit dem anderen kommuniziert. Weil jeder achtet und respektiert, weil es wie ein Spiel aus Nähe und Distanz ist, weil niemand in Not kommt, weil jeder tut, was er am besten kann, und dafür geliebt wird, was er tut. Unsere Tiere wollen wollen.
Es läuft nicht immer alles glatt, es passieren auch mal Fehler. Bei einer Kür mit mindestens 15 Geistern und 54 Beinen kann auch schon einmal etwas schiefgehen. Aber dennoch bleiben wir ruhig, im Dialog, im Miteinander, kennen Alternativen. Das nennen wir Teamgeist.

MACHEN, DASS DER ANDERE MACHT

Es ist ein Grundprinzip, dass sich durch unseren Alltag, durch unser räumliches Denken und leibliches Handeln zieht. Wir machen, dass der andere macht. Rufe ich meinen Hund, dann gehe ich vom Hund weg, rückwärts, und sorge dafür, dass er zu mir kommt. Ebenso kann ich Raum fordern, indem ich moderat auf ihn zugehe und er mir ausweicht (siehe Seite 66). Allein durch das Geben und Nehmen von Raum bin ich in der Lage, den Hund räumlich zu beeinflussen, ihn zu polarisieren und zu orientieren.

DOMINANZ IST KEINE EINBAHNSTRASSE

Bei diesem Spiel aus Nähe und Distanz geht es nicht um ein wahlloses Dominieren, um ein ständiges Regulieren, vielmehr geht es um die Möglichkeit, den Raum zu beeinflussen und ihn beeinflussen zu lassen. Dieses Spiel aus Dominanz und Kompromissbereitschaft ist der Weg zum Miteinander. Ich lade den Hund ein, hier gebe ich Raum, ich frage ihn nach mehr Distanz, hier fordere ich Raum. Und dieses Spiel ist es, das wir Menschen ebenso beherrschen sollten wie die uns anvertrauten Geschöpfe.
Das Prinzip der Aktivierung können wir im großen, aber auch im kleinen Miteinander leben. Klein ist zum Beispiel das An- oder Ableinen des Hundes. Die meisten Menschen, die ihren Hund ableinen wollen, hangeln sich an der Leine lang bis zum Karabiner, während der Hund nach außen orientiert ist. Da Zug auf der Leine ist, fasst die eine Hand das Halsband, die andere löst sie vom Ring. Und dann ist er frei. Also hat sich das Wegdrängen des Hundes für ihn gelohnt. Aktivierend wäre, wenn der Mensch den Hund zu sich ruft, er sich vor seinen Menschen setzt, dieser ihn streichelt. Es entsteht eine Ruhe. Dann löst er den Karabiner und ruft den Hund noch einmal zu sich mit dem einschrittigen Einladen. Noch einmal streicheln und dann gibt es das Signal, was der Mensch sich als Nächstes wünscht.

LEICHT TRAINIERBARE MENSCHEN

Hier ein Beispiel aus dem komplexen Denken des Menschen, das schleichend passiviert. Der Hund soll apportieren. Er nimmt den Gegenstand ganz gut auf und soll ihn zurückbringen. Nun kommt der Hund zwei Meter auf seinen Menschen zu und legt den Gegenstand dort ab. Da der Mensch gerne apportieren möchte, schließt er die Lücke und geht dem Hund entgegen, bückt sich und hebt den Gegenstand auf. Dann motiviert er den Hund, weiterzuspielen. Was dem Menschen nicht auffällt, ist, dass sein kleiner Kollege ihn aktiviert. Er dreht den Spieß um. Erst aus Unwissenheit, dann aus Bequemlichkeit. Und am Ende, weil es mehr Spaß macht, denn der Hund ist ein Bewegungsjäger. Das bedeutet, dass sein Auge einen Reiz eher wahrnimmt, wenn er sich bewegt. Ein still liegender Gegenstand löst deutlich weniger Trieb aus als ein beweglicher. Und der Trieb kann im Hund eine Wirkung entfachen wie ein Adrenalinkick bei einem Bungee-Jumper. Diesen organisiert sich der Hund dadurch, indem er den Gegenstand vor seinen Menschen legt, der ihn wieder zum Leben erweckt. Es ist dem Hund egal, wie viele Kalorien sein Mensch dabei verbraucht. Ihm geht es nur darum, diesen Spaß zu haben. Das entspricht allerdings nicht dem Ziel des geregelten Apportierens und es verhindert seinen Erfolg.

ZUR LÖSUNG AKTIVIERT

Also nehmen wir den Hund an die Leine und spielen dieses Spiel auf einer Distanz von 1,20 Metern. Wir geben dem Hund den Gegenstand durch eine leichte Aktivität und gehen dann wie in der ziehenden Hilfe einen Schritt rückwärts. Wir begrenzen den Hund mit der Leine und nehmen ihm den Gegenstand ab, bevor er ihn fallen lassen kann.

Nur im Einverständnis der Tiere kann dieses Zusammenspiel funktionieren, wie in unserer Show.

Wenn Hunde lachen, erzeugen sie unweigerlich Glück in uns Menschen.

Dann laden wir ihn zu uns ein und loben ihn. Aus dem sauberen Vorsitzen der ziehenden Hilfe erzeugen wir erneut das nächste Spiel. Je zuverlässiger er das macht, umso mehr können wir ihn zur Kooperation motivieren. Wir denken also nicht an den gesamten Vorgang des Apports, sondern in einzelnen Handlungsschritten. Wir erzeugen das Nehmen und helfen mit der räumlichen Sprache auf kurzer Distanz zum Folgen. Daraus entwickeln wir das Holen. Alles klein und überschaubar in steuerbarer Reizlage. Der Hund soll lernen, aktiv für uns zu arbeiten. Je zuverlässiger das funktioniert, umso größer wird die Distanz.

AKTIVIEREN IM SPIELVERHALTEN

Es ist die Aufteilung des Raumes, die wir im Blick haben sollten. Kluges räumliches Denken ist gewiss ein großer Gewinn aus der Arbeit mit den Tieren.

WERDEN WIR KONKRET

Es hat Seltenheitswert, dass jemand in eine Tierschule kommt, der offensichtlich kein Problem hat, so auch diese junge Frau. Sie ist Mitte zwanzig und hat zwei Hunde. Einen Sheltie und einen Aussie. Unterschiedlicher könnten die beiden Hunde nicht sein. Der eine aktiv, der andere passiv. Dennoch waren beide Hunde extrem gut in der Spur. Sehr, fast schon zu gehorsam konnte sie mit ihren beiden Begleitern überall ohne Leine hingehen, sie ablegen, mit dem einzelnen arbeiten oder sie eine Ewigkeit in der zuverlässigen Ablage lassen. Alles hatte einen aufgeräumten und auch verbindlichen Charakter. Einen Grund muss es ja geben, warum sich ein Mensch auf den Weg macht, um Hilfe zu erhalten. Sie konnte es anfangs nicht richtig formulieren. Erst im Laufe einiger Sitzungen kam sie darauf. Die Sheltie-

Hündin ist etwas älter und hat gelernt, ihren Menschen machen zu lassen. Als wir uns kennenlernten, war sie zwar sehr gehorsam, aber auch sehr passiv. Sie wirkte in der Tat fast traurig. Das Aussie-Mädchen war ein Sonnenschein, fröhlich, aktiv, lebendig und eher schon mal stramm nach außen. Sie ist total verliebt in beide Hunde, mit dem Sheltie verbindet sie schon eine lange intensive gemeinsame Geschichte.

Sie wollte, dass ihre Hunde lachen

Wir entdeckten den Grund der Passivität, des Festgehaltenseins. Sie kam ihrem kleinen Hund zu oft entgegen, nahm ihm Wege ab, bettete ihn sehr weich und forderte sie zu wenig. Auf der anderen Seite reichte ehrliches Lob nicht aus, um den Hund zum Lachen zu bringen, und die straffe Organisation erlaubte den Hunden wenig eigene Ideen. Ein spannendes Projekt, das mich reizte, um in die Tiefe zu gehen.

Loben, bis das Lob wirkt

Wir räumten die räumliche Sprache auf und sorgten im Training für das Prinzip der Aktivierung. Sie lernte, dass sie grundsätzlich im Einladen Raum geben muss ebenso im Spielverhalten. Sie betrat von nun an im Spiel nicht mehr den Tanzbereich des kleinen Hundes, sondern aktivierte ihn, in ihren Tanzbereich zu kommen. Es wirkte Wunder. Ein paar Wochen Training gefüllt mit Spaß und aufgeräumten räumlichen Mustern und das Mäulchen des kleinen Shelties öffnete sich.

Konto der Kritik

Ein weiterer Punkt war, dass sie lernte, die Hunde weniger zu kritisieren, sondern mehr zu orientieren. Sie versuchte, an „Nein" zu sparen und den Hunden im Fehlverhalten über die ziehende Hilfe Orientierung zu geben. Sie setzte die ziehende Hilfe jedes Mal bis zum Ende durch und füllte sie mit positiver Energie. So schaffte sie es, auf ihrem Kontostand der Kritik ein Guthaben anzusparen. Das wiederum konnte sie später in neue Themen der Ausbildung investieren.

Es war eine Freude, diese Entwicklung zu sehen und dieses Trio zu entwickeln, denn auch die Aussie-Hündin profitierte von dem Glück der Aktivierung. Am meisten jedoch profitierte der Mensch. Denn die junge Frau lernte, ihren Hunden zuzuhören, und verstand sich bald darauf, so viel positive Energie freizusetzen, dass sie selbst immer häufiger lachen musste. Es war und ist ein Genuss, diesen Clan zu begleiten und die Wirrungen der Passivität in positive Aktivität zu wandeln.

AKTIVIEREN, ABER WIE?

Passivieren können wir Menschen gut. Meist aus großer Güte, wir wollen es unserem Hund leicht machen, manchmal aus Unwissenheit, manchmal auch aus Ungeduld. Wir warten die Lösung im Hund nicht ab. Hier finden Sie ein paar Beispiele: Sie stehen in Ihrem Garten und rufen Ihren Hund. Etwas mühsam blickt er sich um und bleibt stehen. Was nun? Sie haben folgende Möglichkeiten:
Sie gehen zu Ihrem Hund, fassen ihn womöglich noch an und sagen dann: „Na komm schon, ist ja alles gut …" In diesem Fall lernt der Hund definitiv nicht zu kommen, sondern hat herausgefunden,

Ihr Auftrag: Zum Spiel aktivieren und Freude erzeugen.

was er machen muss, damit Sie kommen. Und das Ergebnis fühlt sich noch nicht mal gut an. Oder:

1. Sie bewegen sich entsprechend zügig von dem Hund weg und versuchen durch den Aufbau von mehr Distanz, den Hund im Bindungssystem zu aktivieren und damit zu beschleunigen. Das kann glücken, möglicherweise aber auch nicht.
2. Sie stören Ihren Hund mit dem begrenzenden „Nein". Sie sagen freundlich das Signalwort für die Störung, Ampelphase Orange, und spritzen dann entweder etwas Wasser oder etwas Sand neben den Hund, Ampelphase Rot. Aber bitte nur so, dass er verwundert ist und sich dadurch zur Seite bewegt. In diesem Moment laden Sie ihn erneut ein. Durch die gewonnene Aktivität wird Ihr Hund kommen und für die gute Reaktion feiern Sie ihn dann.

Es kann also sein, dass Sie beim Aktivieren den anderen aus seiner Komfortzone bringen müssen, bis er das eigene Bestreben hat, wieder in die Komfortzone zurückzufinden. Meist ist das ein recht nachhaltiger Prozess, den es sich lohnt, in Ruhe und ohne Ehrgeiz auszuführen.

ZUM DENKEN ANREGEN

Mein Liebstes ist die Schule zum schlauen Hund. Nicht nur machen, dass er macht, sondern machen, dass er denkt. An dieser Stelle bekommt Tierschule eine andere Dynamik. Zu erkennen, wie es im Hundekopf rattert, wie er an Lösungen tüftelt, wie er mit seinen Sinnen in meinem Sinne werkelt.

SO WIRD ES GEMACHT

Ich stelle Ihnen hier zwei Möglichkeiten vor, eine für etwas Fortgeschrittene und eine für den Anfang. Stellen wir uns vor, Sie haben einen jungen Hund, der noch nicht viel kann, aber ein großes Bestreben hat, zu seinen Menschen zu kommen. Dann bitten Sie eine Hilfsperson, den kleinen Kollegen einmal aus dem Raum zu bringen, und Sie verstecken sich. Sie müssen nicht gleich auf den Kleiderschrank, das ist gar nicht nötig. Es reicht meistens, wenn man seine Silhouette verwandelt. Hocken Sie sich hinter einen Stuhl oder Sessel und hängen Sie sich eine Decke über den Kopf. Für viele Hunde ist das bereits ein schwieriges Versteck. Die Hilfsperson soll Ihren Hund hereinbringen und freilassen. Da Sie eben noch im Raum waren, wird der Hund Sie wiedersehen wollen. Für den Fall, dass er nicht gleich sucht, räuspern Sie sich. Mithilfe des akustischen Reizes wird er sich orientieren und versuchen herauszufinden, was unter der Decke ist.

Suchen lernen Hunde durch Finden

Garantieren Sie Ihrem Hund den Erfolg und feiern Sie seinen Fund. Gestalten Sie die ersten Male so einfach, dass er Erfolg hat. Dann erst können Sie es etwas kniffeliger werden lassen. Sie fördern mit diesen kleinen, kostenlosen Übungen die Bindung auf der einen Seite und erweitern den Horizont auf der andern. Kleine Übungen, die Vertrauen schaffen und die ersten Schritte zum schlauen Hund ebnen.
Für Fortgeschrittene empfehle ich gerne jede Form von Merkübungen, die wir mit Apportiergegenständen aufbauen, ebenso wie das Um-Ecken-Denken. In meinem Buch: „Wenn Hunde lachen" habe ich den Aufbau des Apportierens detailliert beschrieben. Bin ich soweit, dass mein kleiner Freund gerne und zuverlässig nimmt, dann gestalte ich die Aufgaben bald so, dass er selber denken muss, um zum Erfolg zu kommen. Dabei wird jeder einzelne Schritt mit dem Hund so sorgfältig gearbeitet, bis er ihn verstanden hat. Wichtig ist, dass der Weg in die Lösung nicht mehr geradlinig, sondern über mehrere Umwege geht. So zum Beispiel das Eimerspiel, bei dem ein Gegenstand in einem von mehreren Eimern abgelegt wird und der Hund die Lösung finden soll, das Einbauen von Ebenen, bei dem der Gegenstand etwas höher oder an einem ungewöhnlichen Ort abgelegt wird und vieles mehr, erweitert schnell den Horizont. Mit diesen kleinen, unaufwendigen, aber kreativen Übungen können wir den Hund schlau machen und aktivieren, in seinem Kopf selbstständig den Weg zur Lösung zu entwickeln. Das bringt sowohl Freude als auch Erfolg, und Erfolg kann das Selbstvertrauen stärken. Das ist unser Ziel.

Hunde machen Fehler, jedoch nicht, um uns zu ärgern. Wir müssen lernen, diese Fehler zu vermeiden.

HUNDE SCHULEN UNS

Es gibt unzählige Situationen, in denen die Hunde uns aktivieren. Ich kann nicht zählen, wie oft ich in meinem Leben schon aufgestanden bin, um den Wassernapf zu füllen, das Spielzeug von der Anrichte zu holen oder Platz auf dem Sofa zu machen, nur weil mein Hund mich auf diese so besondere Art anschaut. Sie schaffen es ohne Drohen, ohne Schärfe, ohne Druck. Ein Augenaufschlag reicht, konsequent und liebenswert. Sie bedienen unseren „will to please", wir wollen ihnen gefallen. Und das ist gut so! Machen Sie das ruhig weiterhin, aber achten Sie darauf, dass es auch Situationen gibt, in denen Ihr Hund sich auch bewegt, dass das Lob den Hund tatsächlich aktiviert und Sie im Mittelpunkt seines Herzens Platz nehmen dürfen. Dann entstehen Verbindlichkeit, Spaß und Vertrauen.

DEIN BESTER LEHRER, DEIN LETZTER FEHLER

Ich schlage die Augen auf. Vielleicht ist es noch zu früh am Morgen, denn mein Geist will nicht glauben, was meine Augen sehen. Weiß. Alles um mich herum ist weiß. Vermutlich hat Frau Holle einen Ausrutscher gehabt? Mitten im März? Es war einer dieser Momente im Leben, in denen das vegetative Nervensystem die Bestzeit abliefert, um in Gang zu kommen. Ein Haufen weißer Plüschflocken, bei denen man sich beim besten Willen nicht vorstellen konnte, dass sie in den Bezug des Hundekörbchens gepasst haben. Und mitten in dem Haufen saß sie und fühlte sich vermutlich wie auf Wolke sieben. Das Mäulchen geöffnet, Lidschlag und aktiv wedelnd. Sichtlich zufrieden mit ihrem Werk war meine kleine Apple, mein jüngster Border Collie, zu diesem Zeitpunkt fünf Monate alt. Sie und ihre Geschwister nannte ich, schon als sie noch ganz klein waren, „Zerstörer 1 bis 5". Aber das hier war ganze Arbeit, ohne dass ich etwas davon mitbekommen habe. Also raus aus den Federn, Müllbeutel holen und aufräumen. Meckern brauchte ich jetzt nicht mehr, der Zug war längst abgefahren. In meiner Welt hat sie einen Fehler gemacht, in ihrer Welt war sie leidenschaftlich gründlich, begeistert von ihrem Werk. Ich ahnte, dass ich mit diesem Hund ein größeres Projekt vor mir hatte.

Freundlich und entspannt Raum fordern, …

… weich und freundlich Nähe und Distanz regulieren, …

WAS IST RICHTIG, WAS IST FALSCH?

Es sind in der Tat sehr unterschiedliche Wirklichkeiten, die hier aufeinanderprallen. Das, was für den Menschen ein Fehlverhalten ist, ist für das Tier vielleicht nur eine Möglichkeit, von der es Gebrauch macht. Und genau diese Feststellung, diese Aussage begleitet mich tagein, tagaus. Hunde machen keine Fehler, um uns zu ärgern. Hunde schaden uns nicht, um uns zu schaden. Sie kennen an der einen oder anderen Stelle unsere Regeln nicht, haben fehlerhafte Erfolgskonzepte und bedienen sich primär unpassender Funktionskreise. Manchmal bedienen sie auch die Funktionskreise unpassend.

SCHULDGEFÜHL

Sie sind sich keiner Schuld bewusst. Sie tun nichts vorsätzlich. Zumindest nicht, wenn sie noch nicht durch die menschliche Schule der Irrtümer gegangen sind. Hunde versuchen, so wie in der zeitlich orientierten Sprache (siehe Seite 79) beschrieben, das Beste aus Ihrem Jetzt zu machen. Apple denkt überhaupt nicht über den Wert des Körbchens, seinen Verlust und die Mühe des Aufräumens nach. Sie will nur töten, und das bis ins letzte Detail. Das ist lustig und macht glücklich. Sie weiß nichts von Richtig und von Falsch, sie hat weder Schuldgefühle noch trifft sie eine Schuld. Sie würde die äußere Erscheinung von Schuldgefühlen erlernen, wenn ich sie anmeckern, in Pyjama und Puschen auf sie zustürmen und sie schelten würde, bis sie einknickt. Dann würde sie lernen, dass ich morgens manchmal in Pyjama und Puschen bedrohlich für sie wäre. Mehr nicht. Apple hat ganze Arbeit geleistet, und jede Menge Glück dabei erlebt. Sie besteht auf ihre Unschuld.

FREISPRUCH

Und das darf sie auch. Sie hat sich nicht das Körbchen als Nachtlager ausgesucht. Ich habe es gemacht. Ich wusste, dass sie schon als kleinster Welpe die Zeitung, die Hundedecke und die Dekoration ihres Zimmergeheges zerlegt hat. Ich wusste, welche Energie in diesem auf Leistung gezüchteten Border Collie mit meterlangem Erfolgsnachweis in der Ahnentafel steckt. Ich hätte es besser managen können. Sie nicht. Und es kann auch keiner behaupten, das Körbchen hätte angefangen. Ein kleines hyperaktives Raubtier mit leicht erlegbarer Beute etwas mehr als sechs Stunden ohne wachende Aufsicht allein zu lassen, kann schon mal in die Hose gehen. Apple ist unschuldig. Sie konnte nicht anders.

WIE GEHE ICH NUN MIT FEHLVERHALTEN UM?

Erst einmal räume ich auf. Die Zeit brauche ich auch, um mein Adrenalin in den Griff zu bekommen. Und dann beginne ich mit den üblichen morgendlichen Ritualen. Am folgenden Abend wird Apple nicht frei vor meinem Bett schlafen. Sie bekommt einen Nachtkennel direkt neben

... den Hund aufrecht und froh in der Antwort erhalten ...

... um innige Nähe zu erzeugen.

meinem Bett und in diesen Kennel habe ich etwas zum Kauen gelegt. Keine Chance für ihren Zerstörungswahn, aber etwas Feines zum Knabbern tut ihr gut. Knapp zwei Monate später merke ich, wie sie im Training und im Alltag immer vernünftiger, umsichtiger und auch steuerbarer wird. Sie beginnt zu reifen.
Ich lege ihr ein Schaffell vor mein Bett und versuche es noch einmal. Nach einem erfüllten Border-Collie-Tag mit Training an der Herde, Fahrradtour sowie Spiel und Spaß mit ihrem Bruder bringe ich sie abends auf den für sie vorgesehenen Platz. Schon vor dem Wecker wache ich auf. Ich möchte wissen, was passiert ist: Apple schläft tief und fest auf ihrem Lammfell. Ich höre mich friedlich seufzen und freue mich auf die Zeit, bis der Wecker klingelt. Seitdem ist nichts mehr Apples Zerstörungswut zum Opfer gefallen.

FEHLER GEHÖREN ZUM LEBEN

Sie haben einen Hund? Dann werden Sie immer wieder mit Fehlverhalten konfrontiert. Und hier haben wir die größten Möglichkeiten, Vertrauen zu schaffen oder Misstrauen zu erzeugen. Genau an der Stelle der Fehler geraten viele gute Konzepte ins Wanken, werden Beziehungen auf die Probe gestellt und entscheidet sich manchmal schlagartig die gemeinsame Zukunft. Bei uns ist noch kein Hund fehlerfrei vom Himmel gefallen. Jeder hatte seine individuellen Möglichkeiten, Fehler zu machen, jeder seine Eigenart.

RICHTIGE UND FALSCHE FEHLER

Fehler ist nicht gleich Fehler. Es gibt in der Tat nur einen falschen Fehler und das ist das Nicht-Reagieren auf den Namen. Das ist ein Fehler, der jeden Kontakt zunichtemacht: mangelhafte Achtsamkeit. Innerhalb einer Beziehung brauchen wir den ersten Aspekt der drei Aspekte der Antwort (siehe Seite 18), die Unmittelbarkeit der Reaktion. Ist das nicht gewährleistet, dass der Hund bereit ist, mit mir zu sprechen, dann wird weder ein Dialog noch eine Beziehung infolge möglich sein. Das wird meistens übersehen.

FEHLERLOTSE

Wir bieten in der HarmoniLogie® vier Hilfen an (siehe Seite 18) und diese Hilfen sind die Abkürzung zur Lösung, sie bieten Halt und geben Vertrauen. Die **ziehende Hilfe** orientiert den Hund räumlich und geistig zu uns. Sie ist eine Störung in unsere Richtung. Die **geometrische Störung** kann Raum fordern und den Hund mit oder gegen den Uhrzeigersinn lenken. Es ist eine räumliche Störung, bei der Nähe und Distanz reguliert werden. Hier entsteht eine fordernde Energie, die immer noch positiv ist. Die **begrenzende Störung** signalisiert dem Hund, wo die äußeren Grenzen seiner Heimat sind.
So verstehen wir jede Form der Unterbrechung als Störung, gefüllt mit positiver Energie. **Das Lob** kann eine Störung der Konzentration sein. Auch diese Form der Unterbrechung oder Aktivierung

sollte man gezielt bedienen und einsetzen. Hier finden wir ebenfalls positive Energie. Das sind unsere Hilfsmittel und nun brauchen wir sie nur noch richtig bedienen und dem Hund Orientierung geben.

Mit diesen Hilfen sind wir sehr gut in der Lage, dem Hund bei der Lösungssuche im Fehlverhalten zu helfen, ihn räumlich zu orientieren und auf Erfolgskurs zu bringen. Das Bestreben von uns Menschen sollte nicht sein, das Fehlverhalten zu strafen, sondern dem Hund im Fehlverhalten zu unterstützen, eine bessere Lösung zu finden. Es geht im aktuellen Dialog nicht darum, zu fragen, warum macht der Hund den Fehler, vielmehr hilft die Frage, wie kann ich ihm helfen, sich zu verändern/zu verbessern? In der anschließenden Reflektion beleuchten wir sehr gezielt grundsätzliche Faktoren wie Reife, Zustand des Hundes, Umfeld oder Anforderung und versuchen hier, diese zu optimieren.

HERAUSFINDEN, WO DER FEHLER BEGINNT

Die Wurzel des Fehlers zu finden, ist die Aufgabe des Trainers. Man kann viele Worte darüber verlieren oder einfach den Blick auf die Achtsamkeit werfen. Wir Menschen neigen dazu, Fehler zu bewerten, zu definieren und in einem Ranking zu rangieren. Großer Fehler, großes Gemecker, kleiner Fehler, ist doch nicht so schlimm ... Stellen wir uns vor, Sie haben Ihren Hund zu sich eingeladen und wollen ihn streicheln oder mit ihm in den Dialog treten, seine Aufmerksamkeit auf sich lenken. Ihr Hund kommt zu Ihnen, schaut aber sofort über seine Schulter weg. Er hat da etwas gesehen. Sie wollen wissen, was er gesehen hat, und schauen auch dorthin. Der Kontakt zu Ihrem Hund geht bereits in dem Moment verloren, in dem der Hund sich abmeldet und lieber mit der Katze oder dem Eichhörnchen spricht und seine Konzentration an Ihnen vorbeilenkt. Ihre Bereitschaft, das zu korrigieren, geht in dem Moment verloren, in dem Sie dem Blick des Hundes folgen, der mit beneidenswerter Konzentration das Objekt der Begierde in den Fokus nimmt. Hatten Sie nicht eben seinen Namen gesagt? Und warum schauen Sie jetzt beide dem jagdbaren Gut nach? Genau hier verlieren Sie die Dominanz, die Sie brauchen, um zu führen, genau hier verlieren Sie den Einfluss, hier verlassen Sie die Erfolgsspur.

Setzen Sie erst ein, wenn der Fehler seinen Höhepunkt erreicht, zum Beispiel, wenn Ihr Hund der Katze hinterherjagt, ist es zu spät. Dem jagenden Hund nachzubrüllen, hilft nicht, das stachelt ihn nur an. Wir nennen es kollektive Hysterie. Wenn Sie wollen, dass solche Szenen in Ihrem sechsbeinigen Leben nicht vorkommen, dann suchen Sie den Fehler zu Beginn in der Achtsamkeit, denn hier können Sie ihn noch schnell verändern.

FEHLER NICHT BEWERTEN

Es ist schwierig für die Beziehung, für das Vertrauen und für die Bindung, wenn Sie die mangelhafte Achtsamkeit dulden. Auch wenn Sie denken: „Ist ja nicht so schlimm, ist ja nur ein Eichhörnchen." Und ich denke: „Das ist der grundlegendste Fehler, der innerhalb einer Beziehung passieren kann, und es ist inakzeptabel." Hier beginnt der Fehler, der einen endlosen Rattenschwanz nach sich zieht. Welches Werkzeug sollen Sie nun benutzen? Wenn die ziehende Hilfe nicht zieht, dann müssen Sie stören. Denken Sie an Plan A und Plan B (siehe Seite 20). Sie müssen den Hund aufwecken, erreichen. Er muss ans Telefon gehen, wenn Sie ihn anrufen. Hier hilft nicht, Raum zu fordern. Das würde dem Hund nicht die Grenze seiner Heimat zeigen. Benutzen Sie das begrenzende Nein, das ist sehr klar. Bleiben Sie freundlich und weich in Ihrer Körpersprache.

Wer kennt es nicht? Der Hund drängt entschieden weg.

Der Reiz der Katze lässt den Funkkontakt abreißen.

Durch die gelungene ziehende Hilfe bekommt er die Orientierung zu seinem Menschen zurück.

Sie sollen ja die grüne Insel, das Zuhause Ihres Hundes sein. In dem Moment, in dem Ihr Hund wegschaut, sagen Sie leise und freundlich das „Nein, nein, nein" und dann schütteln Sie angemessen die Leine so aus, dass er sich sichtlich gestört fühlt (hierfür muss die Leine kurz genug sein), oder Sie spritzen als Impulsform nach dem „Nein ..." etwas Wasser neben den Hund, je nachdem, worauf Ihr Hund gut reagiert. In dem Moment, in dem er Sie wieder anschaut und sich gesprächsbereit zeigt, laden Sie ihn ein und dann wird gelobt und gespielt. Es ist immer derselbe Ablauf, der Ihnen noch sehr häufig begegnen wird. Die kurze und klare begrenzende Störung, die eine kurze Zündschnur hat, sauber nach dem Prinzip der Ampel gearbeitet wird und die Ihnen eine einladende positive Energie verleiht.

VERLIEBEN SIE SICH IN DEN DIALOG

Die Grundlage jeder Beziehung ist das Interesse aneinander. Konzentrieren Sie sich in der Beziehung zu Ihrem Hund darauf, dass Ihr Hund Interesse an Ihnen hat. Nicht an dem Futter in Ihrer Tasche, sondern an Ihnen als Person, als Partner, als Geschöpf. Das erreichen Sie zum einen durch positive Energie, zum anderen durch klare, gut erkennbare Grenzen. So kennzeichnen Sie Ihrem Hund, wo es Komfortzonen gibt und wo das Regulativ ist. Verlieben Sie sich in den Wunsch, dass Ihr Hund sich auf Sie konzentriert und achtsam Ihnen gegenüber ist, dass er die Grenze respektiert, dann können Sie sehr schnell alle Ziele, die Sie sich wünschen, erreichen. Das ist die Grundlage der Beziehung und die Grundlage des Erfolges. Und wenn der Dialog für Sie noch eine Schwierigkeit darstellt, dann lernen Sie, sich in die Schwierigkeit zu verlieben. Denn alles, was Sie verliebt tun, das tun Sie mit Leidenschaft. Und die Leidenschaft verleiht Ihnen eine Leichtigkeit. Das ist ein wunderbarer Trick.

AUS DEM FEHLER HELFEN

Sie erkennen, es geht nicht um richtig oder falsch. Es geht darum, dass Ihr Hund online ist, dass Sie einen Zugang zu ihm haben. Auf dieser Grundlage sind Sie in der Lage, Ihrem kleinen Freund immer aus dem Fehler zu helfen. Sie sind der Fehlerlotse, sie sind der Steuermann. Begibt sich Ihr Hund in eine Sackgasse, dann sprechen Sie ihn an. Geben Sie ihm Orientierung und lenken Sie ihn in sicheres Fahrwasser.

IM EINVERSTÄNDNIS

Wann machen Tiere Fehler? Meist, wenn sie eine Aufgabe noch nicht richtig verstanden haben, wenn wir versäumt haben, ihr Einverständnis zu holen, und wenn sie überfordert sind. Das geht dem lieben Getier ebenso wie uns. Unser Ziel ist es, das Urvertrauen unserer Tiere zu erhalten und Vertrauen zu festigen. Dann ist es auch dieser Umgang mit dem Fehler, der uns hier auf den richtigen Weg führt. Ob Sie das Einverständnis Ihres Hundes haben, können Sie leicht erfahren. Begeben Sie sich mit ihm in eine neue Situation, an einen fremden Ort, zu neuen Reizen. Dann sprechen Sie ihn einfach an. Nun sehen Sie, ob er entspannt reagiert oder nicht. Ist er offline, dann erarbeiten Sie sich über Komfortzonentraining wie Spiel, über das Üben der Ansprechbarkeit den Zugang und geben der Situation die Zeit, die der Hund braucht, um Ihnen sein Einverständnis kundzutun. Das schafft Verständnis, Bindung und Vertrauen.

Dem Charme des Irish Terriers erliegt man schnell.

PASST DIE FRAGE ZU DEN MÖGLICHKEITEN?

In diesem Zusammenhang können Sie ebenfalls testen, ob die Frage, die Sie an den Hund richten, die Anforderung, die Sie ihm stellen, zu seinen Möglichkeiten passt. Oft haben wir keinen guten Überblick, ob der Hund für die Anforderungen vorbereitet wurde oder nicht. Wenn Sie zum Beispiel zu einer Grillparty gehen, ist das für Sie vielleicht die 120. Grillparty, es regt Sie nicht mehr auf. Ihren kleinen Hund aber vielleicht schon. Er war noch nie zum Grillen eingeladen und ist mit all den Menschen, den Gerüchen und der ausbleibenden Ansprache und Führung (sein Mensch ist ja nun mit seinen Freunden beschäftigt) überfordert. Vielleicht können Sie ja zu der Party, aber dann ist der Hund an der Leine, zeitweise im Auto und Sie schaffen sich Freiräume, um den Kontakt zu ihm zu halten. Hier braucht der Hund Ihren Überblick, Ihre Sicherheit, Ihr Management, damit er lernt, Ihnen zu vertrauen. Stellen Sie sich immer wieder diese Frage und behalten Sie so den Überblick über das Maß der Anforderung. Schauen Sie, dass Sie im Einverständnis des Hundes handeln.

WERDEN WIR KONKRET

Sie hat einen Irish Terrier. Quirlig, aufgekratzt und zuckersüß ist dieser erst vier Monate alte Hund. Feli ist ihr Name und Kerstin strahlt wie ein Honigkuchenpferd, als sie mir ihre neue Liebesgeschichte vorstellt. Wie ein kleiner Staubsauger saust der junge Hund um seinen Menschen und versucht, alles gleichzeitig zu erobern. Sie spricht ihren Hund mit dem Namen an. Null Reaktion. Feli springt mit Karacho in die Leine, als sie die Katze im Garten sieht. Kerstin versucht es noch einmal. Null Erfolg. Sie ist eine Frohnatur und lacht darüber. „Guter Start", denke ich, „Spaß werden wir haben." Kerstin erzählt begeistert, dass sie Feli immer schon freilässt, dass sie gerne mit anderen Hunden tobt, dass sie gerne Bäll-

Positiv, verbindlich ansprechbar und frei. Der Weg lohnt sich.

chen spielt. In meinem Kopf schlägt der Fehlerteufel gerade Salto. Hier lauern all die Fehler, an denen ich mit vielen Schülern intensiv arbeite, um sie wieder rückgängig zu machen.

8. Ist Feli zu viel im Freilauf, kann sie nicht verstehen, dass sie innerhalb der imaginären Begrenzung bleiben soll, schlicht, dass sie auf ihren Menschen aufpassen soll. Sie weiß einfach nicht, wo ihr Zuhause ist.
9. Der Hund kann nicht lernen, angemessen mit Kritik umzugehen, denn wenn der Mensch dann meckert, weil der kleine Hund etwas falsch gemacht hat, kann er sich damit auseinandersetzen oder gehen. Warum soll er nicht gehen?
10. Wenn der kleine Hund lernt, dass er in Anwesenheit anderer Hunde nicht mehr auf seinen Menschen reagieren muss, so wie es auf der Hundespielwiese der Fall sein kann, warum sollte er auf seinen Menschen reagieren, wenn ein Eichhörnchen, eine Katze oder ein Reh auftaucht?

Wir brauchen zwei Sitzungen, um die Fehlerquellen einzudämmen, das Management zu sortieren und die Sprache aufzuräumen. Wir verabreden, dass Feli vorübergehend nicht mehr von der Leine gelassen wird, auch im Haus. Bei dem Plan wirkte Kerstin etwas traurig. Sie fühlte sich ungerecht, dem kleinen Hund die Freiheit zu nehmen. Aber sie verstand, dass dieser Wirbelwind erst einmal

lernen muss, wo sein Zuhause ist und wie man dorthin kommt, bevor ihr die ganze Welt grenzenlos offensteht.
Dann übten wir die räumliche und leibliche Sprache und brachten System in die Signalwörter. Sie lernte, räumlich korrekt zu spielen, sie lernte, in Ruhe zu loben, und auf das, was sie sagte, zu bestehen. Und dann ging es an die Störung. Feli zeigte sich als kleiner Terrier recht unbeeindruckt von den Störversuchen ihres Frauchens. Sie reagierte, wenn überhaupt, nur kurz. Wir hatten also noch kein Einverständnis des Hundes, mit dem Training fortzufahren, denn unsere Hilfen prallten an dem Wirbelwind ab. Also konzentrierten wir uns in unserer dritten Unterrichtsstunde, Feli war nun bereits fünf Monate alt, ausschließlich auf den Vorgang des Störens. Wir suchten nach einer Möglichkeit, die kleine Rakete gezielt aus ihrer Komfortzone zu bringen, damit ihr Geist einmal an die Oberfläche kam. Es war der Leinenarret, mit dem wir letztlich zu ihr durchdringen konnten. Kerstin lernte gezielt und freundlich, aber intensiv und sauber nach der Ampel gearbeitet, die Leine auszuschütteln, sodass Feli sich erstaunt umblickte und Kontakt zu ihrem Menschen aufnahm. Sie nahm ihre Rute runter, öffnete das Mäulchen, zeigte Kerstin ihre Schulter und begann zu wedeln. Kerstin sah diese Reaktion zum ersten Mal. Sie hockte sich intuitiv hin und sagte den Namen des Hundetiers, welches sogleich angesaust kam und sich in Ruhe ausstreichen ließ. Es wirkte, als hätte Kerstin eine Fliege ins Auge bekommen, denn als sie hochschaute, war da eine Träne. „Glück", sagte sie, „so fühlt sich Glück an." Da stehen nun zwei erwachsene Frauen in einer kalten Reithalle und beginnen zu weinen, nur weil ein Hund das erste Mal seinen Menschen richtig wahrgenommen hat. Wir mussten lachen, dann wieder weinen und lachen vor Glück. Dieser Moment, wenn der Hund seinen Menschen anschaut, wahrnimmt und offen für ihn ist, hat etwas Ehrliches, Intensives. Kerstin hat den Schlüssel zu ihrem Hund gefunden. Als wir uns wieder im Griff hatten, wiederholten wir die Übung. Feli sauste wieder bis an das Ende der Leine. Kerstin sagte den Namen, keine Reaktion. Dann sagte sie leise „Nein, nein, nein."

Suchen Sie den Ursprung des Fehlers bei sich. Und wenn Sie ihn nicht gefunden haben, …

Feli schaute unmittelbar über die Schulter zu ihrem Menschen und wartete ab. Kerstin hockte sich hin und sagte den Namen. Feli kam angesaust. Sie spielten und freuten sich gemeinsam. Sie ließ den kleinen Hund wieder im Rahmen der Leine laufen und wir wiederholten die Übung ein drittes Mal. Erst der Name und prompt schaute Feli Kerstin an, begann zu wedeln und kam zu ihr. Hier haben wir das Einverständnis des Hundes bekommen. Hier haben wir in einer Trainingseinheit den Zugang zu diesem Hund gefunden und mit positiver Energie gefestigt.

FEHLERVERMEIDUNG

Es ist ein häufiger Fehler, dass der Hund zu früh zu viel Freiheit bekommt. Er entsteht aus der Unwissenheit und der großen Güte des Menschen. Manche Menschen lernen daraus, andere werden es noch tun. Kerstin hatte das Glück, sich früh Hilfe zu holen. Feli war noch sehr formbar und das Fehlverhalten saß noch nicht sehr fest. Und Feli hat mit ihrem Menschen einen Sechser im Lotto, denn mit Humor und einem guten Bauchgefühl war es nicht sehr schwer, den echten Dialog zu ihrem Hund zu finden und diesen umgehend mit Liebe zu fluten. Kerstin lernte aus ihrem Fehler und hat verstanden, Feli häufiger mit der Leine zu sichern, als sie freizulassen. Sie hat erkannt, dass dieser Radius, den die Leine beschreibt, dem Hund Sicherheit und Halt gibt. Sie erreichte damit, dass der Hund über Erfolg lernen konnte. Das wiederum stärkte die Bindung und erzeugte Vertrauen. Es war wie eine Glücksspirale.

... dann suchen Sie weiter.

NEHMEN SIE ES NICHT PERSÖNLICH

Ja, Apple hat das Körbchen zerlegt und Feli wollte die Katze jagen und Unzähliges mehr. Auch Sie kennen unendliche Geschichten von großen und kleinen Missgeschicken mit und durch Ihren Hund. So ist das Leben. Aber glauben Sie mir, Hunde meinen es nicht persönlich. Sie meinen nicht den Menschen, nicht Sie, niemals die Person, wenn es schwierig wird. Hunde meinen die Situation, die Stimmung, Sie geben uns die Chance, an aversiven, aggressiven Momenten vorbeizukommen. Auch das können wir Menschen lernen. Sie nehmen unsere Fehler nicht persönlich. Tun wir es ihnen gleich und halten uns an das Naturgesetz der Sprache.

Es ist der Umgang mit dem Fehler, der Vertrauen schafft. Die Art der Kritik, die Fähigkeit zu helfen. Sie sind nicht der Prüfer Ihres Hundes, Sie sind der Coach. Entstehen Fehler, dann suchen Sie die Ursache bei Ihnen, und wenn Sie sie dort nicht finden, dann suchen Sie noch ein bisschen. Ist es Ihr Management, hätte man die Situation anders lösen können, besser sichern oder vermeiden? Hat Wut oder Entäuschung an dieser Stelle etwas zu suchen? Wie ist der kürzeste Weg aus dem Fehler? Welche Hilfe brauchen Sie? Ist es die Ansprechbarkeit, die Störbarkeit oder die Lobbarkeit? Mit welcher Hilfe können Sie den zeitlich, räumlich und auch emotional orientieren?

Lassen Sie die Hände vom Perfektionismus. Der stellt sich wie ein Prellbock vor Ihr Bauchgefühl. Achten Sie darauf, dass Ihr Hund sich in Ihren Händen entwickeln darf, dass Geist und Körper wachsen dürfen. Überprüfen Sie, ob das Bindungssystem stark genug ist und ob Ihr Management, Ihr Trainingsplan, Ihre Rituale zu der Leistungsfähigkeit Ihres Hundes passen. Und seien Sie sicher: Fehler sind da, um daraus zu lernen.

Ein unschlagbares Team: Michaela und Paulo.

GLAUB AN DEINEN HUND!

WERDEN WIR EIN LETZTES MAL KONKRET

Zu unserem Hof führt eine kleine Eichenallee. Ein grünes Tor ist die Pforte. Fast pünktlich komme ich zum Unterrichtsbeginn und finde dort meine Schüler. Er lächelt, sie sichert. Das weiße Geschöpf am Ende der Leine steht senkrecht und ist sich selbst strangulierend damit beschäftigt, an der Leine zu reißen, um zu mir zu kommen. Ich wäre austauschbar, denn mich kennt dieser kleine Kollege noch nicht. Aber ich bin sein Außen, und da will er hin. „Ups, Großbaustelle!", denke ich. Der kleine Lagotto Romagnolo macht so viel Wind, dass eine Unterhaltung nicht möglich scheint. Sein Hecheln, Husten und Prusten und Piepsen übertönen jeden Versuch eines kultivierten Dialoges. Nach einigen Versuchen erfahre ich die Namen: Michaela, Klaus und Paulo beginnen ihren Unterricht. Herzlich willkommen! Er ist ein halbes Jahr alt und die Verzweiflung ist immens. Mit so viel Kraft und Energie hat dieses Paar nicht gerechnet. Dieser Hund liebt jeden und alles, was sich außerhalb befindet. Und die Menschen innerhalb lächeln. Wie soll man da auch regulieren, was soll man tun, wenn da die liebe Tante steht und Duzi-Duzi macht, das Kleine dahin will und schreit und die Tante auch noch sagt: „Lass nur, ist doch so süß." Was soll man machen, gegen all die Menschen, die sagen: „Lass ihn doch, das macht mir nichts."? Was soll man machen gegen: „Lock ihn mit Futter, das hilft!"? Und: „Sei doch nicht so streng." Ja, was soll man machen, wenn man dem Trieb und dem Verlangen des Tieres nach Grenzen und Regulativ nicht nachkommen kann, weil die Umwelt einen fesselt und ausbremst?

Paulo

Nur Nein sagen hilft auch nicht, dann wäre ja in Paulos Leben fast alles Nein. Lust dazu hätte man manchmal, denn die Fehler, die dieser blonde Lockenschopf aneinanderreiht, sind rekordverdächtig. So viel Energie, die negativ wirkt, weil er vieles falsch macht, aber eigentlich positiv ist, weil er will. Er will immer, egal, was wir wollen, er will auch, nur meistens zu viel. Michaela wirkte in der Tat ziemlich genervt und Klaus etwas peinlich berührt. Aber sie waren als Paar gekommen, wollten ein Team werden, wollten ihre Vision erreichen. Also dann, auf geht's ins nächste Abenteuer Hund-Mensch. Da ist man hier im Unterricht, bekommt Hilfe, es funktioniert in dieser Situation, aber zu Hause wird es nicht besser. Man muss doch raus mit dem Hund, kann sich nicht nur auf einer grünen Insel verschanzen in der Hoffnung, dass der Hund es dann versteht. Ja, aber auch im Falle des Herrn Paulo mussten wir das Maß besprechen, in dem seine Menschen die Abenteuer suchen konnten. Erst musste er an die Hilfen gestellt werden. Erst musste er verstehen, was „Paulo", was „Nein" und was „Jawohl" heißt.

Aller Anfang ist schwer

Und der Start, wenn weder Mensch noch Hund einen konkreten Plan von dem System haben, ist schwer. Manchmal wirkt es auf mich, als solle ich den Menschen beibringen, jemanden in einer anderen Sprache zu unterrichten, ohne dass sie diese Sprache selbst kennen. Michaela machte sich erst einmal an die kleinen Vokabeln, Klaus zog mit und dem Lockenkopf wurde bald erklärt, wie die Regeln seiner Menschen zu bedienen sind. Fernab der Eisbergspitze suchten die beiden den Dialog zu Paulo und beschränkten sich zunächst auf Situationen, die sie überblicken konnten. Sie vermieden die Tanten und nutzten die Zeit, einen Zugang zu ihrem geliebten Hund zu legen. Sie lernten, sich abzugrenzen. Ruhig und freundlich sagten sie: „Nein, unser Hund möchte jetzt nicht spielen oder gestreichelt werden und wir legen im Moment keinen Wert auf Kontakt. Wir üben noch. Auf Wiedersehen."

Basics

Auch hier waren es die vier Säulen, das Erlernen des Handwerks. Doch mehr noch, es war der tiefe und klare Wunsch der Menschen, genau diesen Hund von sich zu überzeugen, der die Jahre der Zusammenarbeit hat einzigartig werden lassen. Das, worauf ich hinausmöchte, ist eine Besonderheit an Michaela. Sie hatte ein sehr gutes Gespür für die Korrektheit der inneren Haltung. Und das hat sie bis heute. Wir arbeiten nun seit vier Jahren zusammen und Paulo ist mehr als ein Musterschüler geworden, der seine eigene Schultasche in die Schule trägt, sich sieben Objekte merken kann und alles sucht und findet, was sie versteckt, und sie frei und ohne Leine im Wald begleitet. Paulo ist immer noch ein Frechdachs und Michaela weiß nicht nur damit umzugehen, sondern arbeitet ständig an seiner inneren Haltung. Sie will, dass ihr Hund auch als sozialer Diensthund in Wohngruppen tätig ist, dass er immer weich und freundlich ist und dem Leben aufgeschlossen gegenübersteht. Er arbeitet gut, doch ab und zu stellt er sich in Frontalstellung vor Michaela, er hält gegen, wird fest und verlangsamt mit hoher Rute.

021
Zum Film: Michaela und Paulo

Mit Freude und Begeisterung erledigt Paulo jeden Job.

Sie hat den Glauben nie verloren

Es gab Zeiten im Training, da verlor Michaela den Mut. Alle anderen Hunde, die sie vorher hatte, waren einfacher. Dieser hier hatte ein sehr starkes Ego. Er war besessen davon, Raum und Zeit zu bestimmen. Michaela erkannte das. Regelmäßig fragt sie nach Unterstützung bei der Korrektur seiner inneren Haltung. Regelmäßig kommen wir einen Schritt weiter. Trotzdem muss ich zugeben, dass auch ich manchmal lieber nur ein weites Einweisen, ein tolles Merken oder eine spannende Suche gemacht hätte. Doch Paulo hat andere Fragen. Fragen, die Sie vielleicht auch kennen. Fragen, die klingen wie: „Muss ich wirklich?", „Meinst du das ernst?", „Also sag mal!", oder auch Aussagen wie: „He, lass das!" Die räumliche, leibliche und akustische Sprache ist sehr aufgeräumt, aber der Charakter dieses jungen Hundes hat die Neigung zu dominieren.

Der wichtigste Schritt zu unserem Erfolg war in der Tat die gut gearbeitete Lobbarkeit. Es ging gar nicht darum, ein Dominanzgerangel mit Herrn Paulo zu beginnen, sondern echte Freude mit ihm zu kreieren, den Kontostand der Kritik immer in den schwarzen Zahlen zu halten und somit ein gutes Kapital auf dem Konto zu haben, mit dem wir dann auch gezielt in die Korrektur der inneren Haltung investieren und diese ansprechen konnten. Lesen konnten wir die fehlerhafte innere Haltung an seiner sich plötzlich fest machenden Art. Sein Rücken wurde rund und fest, er bekam eine Zehen-Ballen-Fußung, die Rute war weit über der Waagerechten und er hatte wenig Maulaktivität. Dennoch funktionierte er überwiegend. Er apportierte meistens wie ein Weltmeister, war dabei manchmal stramm und fest. An einigen Tagen aber sauste er zu dem Gegenstand, um direkt daneben zu schnüffeln oder sich umzuschauen. Es war kein Zug in ihm und es wirkte, als ob er mit halber Kraft lief. Dann war Michaela immer etwas frustriert, denn es war schwierig, ihn auf größerer Distanz zu korrigieren.

Im Management klärten wir die Pausen und Arbeitszeiten dieses Hundes. Eine klare Pause, in der er schnüffeln konnte, sich lösen oder anderen Interessen nachgehen durfte, wurde klar markiert mit dem Signal „Und Pause". Danach forderten wir ihn wieder auf, online zu sein und korrekt mitzuarbeiten. Das half, die Kondition der Konzentration enorm zu steigern.

In den Alltag integriert, hier am Rathaus: Das kleine Merken und um Ecken denken. ...

Das dreigeteilte Warm-up

Wie ein liebevolles Ritual benutzt Michaela vor jedem Training ein kleines Aufwärmritual. Es besteht aus:

1. Dem kognitiven Warm-up: die gezielte, leise und freundliche Ansprache des Hundes, um zu überprüfen, ob er prompt und freundlich online ist.
2. Dem emotionalen Warm-up: mit einem gezielten Lob und Spielverhalten herausfinden, ob der Hund leicht zum Lachen zu bringen und zu aktivieren ist.
3. Dem sportlichen Warm-up: eine körperliche Aufwärmphase, damit die Muskulatur und der Organismus sorgfältig aufgewärmt sind. Ca. 10 Minuten Laufen, Joggen, leichtes Spiel.

Die Liebe zum Detail

Fast detailverliebt begann Michaela, ihren Hund zu studieren, genau zu lesen, das Maul, die Mimik, die Körperstellung und die Haltung, die Bewegungsintention, die Ausdrucksweise. Das brachte sie ihm viel näher und formte aus der Vertrautheit auch Vertrauen. Sie bediente die vier Säulen der HarmoniLogie® sehr sorgfältig und lernte dadurch, bei all ihrem Ehrgeiz rückwärts zu rechnen, kleine Fragen zu stellen, sie zu wiederholen. **Sie wurde vertrauenswürdig für Paulo.** Mit diesen Werkzeugen konnte sie mit ihrem Hund jederzeit und überall in einen Dialog kommen. Spürte sie ein Defizit in der inneren Haltung, stellte sie kleinere Fragen, forderte aber die drei Aspekte der Antwort sehr deutlich ein. Dennoch blieb ihr wichtigstes Werkzeug die Lobbarkeit.

Gutes Zeitmanagement

Und so, wie sie alles geklärt und überprüft hatte, stieg sie in das Training ein. Die Momente, in denen Paulo sie „sitzen" ließ, wurden deutlich weniger. Er bekam mehr Zug, mehr Go und mehr „will to please". Sie glaubte an ihren Hund und förderte ihn in seinen Stärken. Heute ist Paulo in einer Wohngruppe als sozialer Diensthund tätig und ist unbezahlbar. Damals, an unserem Hoftor, hätte man ihn vielleicht für kleines Geld kaufen können. Heute stehen Klaus und Michaela da, stolz und fröhlich, als Team mit ihrem Paulo, der schon lange keine Leine mehr braucht. Stattdessen sitzt er zwischen seinen Menschen und trägt seine Schultasche. Ein Musterschüler der Extraklasse.

... Die Schule zum schlauen Hund ...

... stärkt das Team und das Vertrauen, denn Paulo hat es gut gemacht.

ZUM SCHLUSS

Viele kleine Dialoge haben wir gemeinsam erkundet, viele Teams kennengelernt und ein kleines Stück begleiten dürfen. Herr Peke, Bilbo Beutlin, Cole und Elvis, Inspektor Barnaby und seine Freunde hinterlassen ihre Fußspuren hier in diesem Buch. Die Schule der Tiere ist auch eine Schule der Menschen und keinesfalls statisch. Von einzigartig bis individuell reicht das Repertoire der HarmoniLogie®. Dennoch bedient sie sich der Kommunikationswege, die die Tiere nutzen. Das räumliche Denken, die leibliche Sprache und der klare kommunikative Austausch funktionieren auch zwischen verschiedenen Spezies. Es ist keine Fremdsprache, sondern die Muttersprache der Natur, die auch Sie in sich tragen. Lernen Sie die tierischen, also die natürlichen Kommunikationswege kennen. Sie führen auf direktem Weg „nach Hause", wenn wir Menschen diese Sprache ebenfalls beherrschen.

IST DAS LIEBE? ICH LIEBE DIE LIEBE!

Anhand dieser vielen Anekdoten, Geschichten und auch kleinen Schicksale konnten Sie die Philosophie und Methodik der HarmoniLogie® konkret verfolgen und erleben. Wenn ich Ihnen aber eines mit der HarmoniLogie® ans Herz legen möchte, neben all der Sprache, den Missverständnissen, der Geometrie und Hygiene, dann ist es die Liebe. Die Liebe zu jeder Kreatur, die Achtung und den Respekt vor dem Leben, vor dem Miteinander, vor den Rechten und Gesetzen der Tiere und ihrer eigenen Natur. Es ist die Liebe, die uns zu unseren Hunden führt und den Weg weist in das Verständnis, das Vertrauen zueinander.
In diesem Sinne

Ihre
Anne Krüger-Degener

Kommunikationswege erlernen und bedienen heißt, Vertrauen schaffen!

SERVICE

— *Was noch hilfreich ist*

ZUM WEITERLESEN

Weitere Bücher von Anne Krüger-Degener

Wenn Hunde lachen. HarmoniLogie – Kommunikationstraining für Mensch und Hund. Kosmos 2018

Wenn Pferde Komplimente machen. HarmoniLogie – Kommunikationstraining für Mensch und Pferd. Kosmos 2019

Was Sie auch interessieren könnte

Baumann, Ina und Thomas: **Entschleunigung von Mensch und Hund.** Gemeinsam zu mehr innerer Ruhe und Gelassenheit. Kosmos 2021

El Ayachi, Sami und Renée Herrnkind: **Der zugewandte Hund.** Körpersprache richtig verstehen und anwenden. Kosmos 2021

Ohligschläger, Andreas: **Hunde als Weggefährten.** Beziehung gestalten: Probleme erkennen, Lösungswege finden. Kosmos 2021

Nitzschner, Marie: **Die Persönlichkeit des Hundes.** Wie Gene und Umwelt das Wesen bestimmen. Kosmos 2021

Webinare

Viele spannende Themen, Autorinnen und Autoren finden Sie in unseren Online-Seminaren. Ob live oder als Aufzeichnung, hier dreht sich alles um den Hund.

Social media

Möchten Sie wissen, was los ist? Storys, Webinar-Ankündigungen, Zitate, Buchclips, Gewinnspiele, Take over unserer Autorinnen und Autoren und vieles mehr finden Sie unter

instagram.com/kosmos.hund
facebook.com/kosmos.hund
www.kosmos-hund.de

Folgen Sie uns und werden Sie Teil unserer KosmosHund-Community.

NÜTZLICHE ADRESSEN

Verband für das Deutsche Hundewesen (VDH) e. V.
E-Mail: info@vdh.de
Internet: www.vdh.de

Österreichischer Kynologenverband (ÖKV)
E-Mail: office@oekv.at
Internet: www.oekv.at

Schweizerische Kynologische Gesellschaft (SKG)
Internet: www.skg.ch

Berufsverband der Hundeerzieher/innen und Verhaltensberater/innen e. V. (BHV)
E-Mail: info@hundeschulen.de
Internet: www.hundeschulen.de

Tierschule und Schäferei Anne Krüger-Degener
Buersche Straße 132
49324 Melle
Telefon: +49 (0) 54 22 4 51 41
E-Mail: info@anne-krueger-degener.com
Internet: www.anne-krueger-degener.com

DIE AUTORIN ANNE KRÜGER-DEGENER

Tierwirtschaftsmeisterin bin ich von Beruf und Tiertrainerin ist meine Berufung. Ich habe einen Ausbildungsbetrieb aufgebaut, eine ökologische Grünlandwirtschaft, eine Tierschule für Hunde, Pferde und Menschen gegründet, ein Konzept entwickelt, Bücher geschrieben, Filme gedreht, viele Hunde und Pferde ausgebildet, war mit meiner Familie weltweit mit unseren verschiedenen Shows unterwegs und bin den Beziehungen zwischen Mensch und Tier immer wieder auf den Grund gegangen.
Wirken darf ich auf einem bezaubernden Hof, der die Heimat einer Schaf -und Ziegenherde, einem guten Dutzend Pferde, ebenso vielen Hunden, Hühnern, Enten und Katzen darstellt. Es ist ein Niedersachsenhof, der so konstruiert ist, dass man mit den Tieren unter einem Dach lebt. Über 150 Jahre erzählt dieser Hof bereits die Geschichten der 13 Generationen Degener und ist heute die Heimat unserer kleinen Familie und der HarmoniLogie.
Wir bilden Pferde aus für Sport, Show und Freizeit. Wir begleiten die unterschiedlichsten Teams auf dem Weg in eine gelungene Partnerschaft. Und wir bilden Hunde aus, Hunde jeder Couleur. Zu unseren Hunden gehören Leistungs-Border Collies, die wir seit 30 Jahren erfolgreich züchten und ausschließlich im Koppelgebrauch schulen. Das bedeutet, dass diese Hunde im Einsatz an den Herden sind. Zudem haben wir Labrador Retriever und Border Terrier, die für alle Apportiertätigkeiten, jagdliche Einsätze und die Arbeit als sozialer Diensthund geschult werden. Dann kommen noch unsere Molosser, ein Pyrenäen Berghund und ein Fila Brasiliero, ein Wunschhund und ein Findelhund oder sagen wir ein Innenminister und sein Kumpan.
Von all diesen Tieren, mit denen ich mein Leben teile, für die ich sorge und die ich ausbilde, habe ich gelernt, dass das Leben und Arbeiten mit diesen so unterschiedlichen Tieren immer auf denselben Grundlagen basiert: Nähe und Distanz, Entspannung und Aktivierung, Vertrauen und Respekt. Es ist der Weg zurück zur Muttersprache, der Weg einen Clan zu bilden, der Weg nach Hause. Es ist die HarmoniLogie. Und diesen Weg gebe ich an meine Schüler weiter.

DANK

Man nehme ein leeres Blatt, einen vollen Kopf, eine liebe- und verständnisvolle, geduldige Familie und gute Freunde. Es braucht Wasser, Kaffee, Wein und Schokolade, eine starke Fotografin und eine tolle Lektorin. Und dann nehme man ein exzellentes Konzept und Zeit, denn Kreativität verträgt nicht zu jedem Zeitpunkt Druck. Sie braucht auch Reife.
Nun halten Sie, liebe Leserinnen und Leser, es in den Händen, mein bereits sechstes Buch über die HarmoniLogie®. Und ich wünsche Ihnen von ganzem Herzen Freude und eine gute Inspiration mit diesem, wie ich finde, sehr besonderen Buch. Ohne die Menschen, die begeistert von diesem Weg sind, die sich von dieser Philosophie überzeugt haben, wäre es nicht das geworden, was es ist. Ein farbenfrohes, lebendiges Mit-/Erleben einer Lebensart, ein lebendiges Zurückfinden zur Muttersprache der Natur, ein Veranschaulichen einer logischen Methode für den gegenseitigen Dialog und mehr.
Danken möchte ich an erster Stelle Jan und Carla! Eckard, Alexandra, Suzanne, Iris, Bea, Michaela, Max und Kim, Vanessa, Maureen, Silke, Ulrike, Susanne, Miriam und Jörg, Uli, Kerstin und Achim, Christiane, Teresa, Björn und Simone. Und danken möchte ich dem gesamten Team von Kosmos für das Vertrauen und die Teamarbeit. Habt alle meinen herzlichsten und aufrichtigen Dank.

Eure Anne

REGISTER

BILDNACHWEIS

184 Farbfotos wurden von Anna Auerbach / Kosmos für dieses Buch aufgenommen.

Weitere Farbfotos von Anna Auerbach / privat (15: S. 2 beide, 3, 5, 64, 65, 106, 107, 122, 123, 138 beide, 139, 140, 188), istockphoto/James53145 (1: S. 51 u.), Thomas Ix/Anne Krüger (1: S. 167), Shutterstock (Egoreichenkos Evgenii 1: S. 47, FCG 2: S. 52, 53, ieuan 1: S. 51 o., Paul Tayls 1: S. 50, Julia Zavalishina 1: S. 171), Trio Bildarchiv (Anna Auerbach 3: S. 31, 120, 121, Nicole Kavka 2: S. 159 M. & u., Maren Leuker 1: S. 46, Melanie Neubert 3: S. 118, 119 beide, Nadine Priester 1: S. 158, Nicole Schick 3: S. 72, 73, 74, Linda Widmann 2: 176, 177).

Alle Filme für die KOSMOS PLUS App wurden von Jan Degener für dieses Buch gedreht.

IMPRESSUM

Umschlaggestaltung von GRAMISCI Editorialdesign, München unter Verwendung von zwei Farbfotos von Anna Auerbach / Kosmos.

Mit 222 Farbfotos

Alle Angaben in diesem Buch erfolgen nach bestem Wissen und Gewissen. Sorgfalt bei der Umsetzung ist indes dennoch geboten. Der Verlag und die Autorin übernehmen keinerlei Haftung für Personen-, Sach- oder Vermögensschäden, die aus der Anwendung der vorgestellten Materialien, Methoden oder Informationen entstehen könnten.

Unser gesamtes Programm finden Sie unter **kosmos.de**. Über Neuigkeiten informieren Sie regelmäßig unsere Newsletter, einfach anmelden unter **kosmos.de/newsletter**

Gedruckt auf chlorfrei gebleichtem Papier

ISBN 978-3-440-17112-7
Redaktion: Alice Rieger
Gestaltungskonzept: Peter Schmidt Group GmbH, Hamburg
Gestaltung und Satz: Atelier Krohmer, Dettingen/Erms
Produktion: Nina Renz
Druck und Bindung: Mohn Media Mohndruck GmbH, Gütersloh
Printed in Germany / Imprimé en Allemagne

FSC www.fsc.org MIX Papier | Fördert gute Waldnutzung FSC® C011124